高职高专艺术设计类专业
"十二五"规划教材

Art Design

Webpage Creative Design

网页美工

庄昭程　主　编
罗晓彬　副主编

Webpage
Creative
Design

 化学工业出版社
·北京·

《网页美工》是网站建设与管理专业系列教材，以Photoshop为平台，以丰富的实例引导读者全面地掌握网页配色和风格创意设计。本书详细阐述了网页美化所必须掌握的知识点，比如导航栏的设计、视觉流程、色彩知识、点线面的表现、版式设计、文字设计等内容。最后以三个大项目进行详细解析工商企业网站、时尚网站、个人网站页面设计及操作流程。

本书大量使用Internet各种类型网站中有设计特色的典型案例，并对页面中的设计元素加以详细点评；同时使用项目式教学方式——讲解，方便学习者进行相关练习。

本书可作为高等职业院校网页设计类教材，也适合具备一定的Photoshop和网页制作基础的爱好者阅读使用。

图书在版编目（CIP）数据

网页美工/庄昭程主编． 一北京：化学工业出版社，
2016.2 （2018.1重印）
高职高专艺术设计类专业"十二五"规划教材
ISBN 978-7-122-25879-3

Ⅰ．①网… Ⅱ．①庄… Ⅲ．①网页制作工具
Ⅳ．①TP393.092

中国版本图书馆CIP数据核字（2015）第299175号

责任编辑：李彦玲　　　　　　　　　　　装帧设计：王晓宇
责任校对：王素芹

出版发行：化学工业出版社（北京市东城区青年湖南街13号　邮政编码100011）
印　　装：北京画中画印刷有限公司
787mm×1092mm　1/16　印张9　字数243千字　2018年1月北京第1版第3次印刷

购书咨询：010-64518888（传真：010-64519686）　售后服务：010-64518899
网　　址：http://www.cip.com.cn
凡购买本书，如有缺损质量问题，本社销售中心负责调换。

定　　价：46.00元

前言
Foreword

本书以项目式教学手法介绍网页设计的美工知识及对应的实际应用，围绕网页设计人员职业能力要求设计教学知识点，以大量的作品案例为例，将基本的美术知识贯穿到各个章节，最后通过三个实际的设计项目来糅合知识点，使读者能从基本的网页制作层面跃升到专业的网页美工。

1. 课程性质

本课程培养学生网页欣赏及设计能力，满足社会对网页设计与制作专业人才的需求，适合从事网站建设相关的岗位。

本课程的先修课程是《图像处理》，学生必须掌握Photoshop软件的基本使用，建议开设一门美术基础类课程或是艺术欣赏课程，接下来的学习才可以将美学知识发挥到设计中。

2. 课程设计思路

课程以工作任务来组织内容，以项目驱动贯穿教学过程。由浅入深，最后完成主题网站的开发项目。本书大量使用Internet各种类型网站中有设计特色的典型案例，并对页面中的设计元素加以详细点评；同时使用项目式教学方式一一讲解，方便学生进行相关练习。

本书由庄昭程任主编，负责项目一至项目三、项目六至项目七的编写，罗晓彬负责项目四至五的编写，张炜、卢超兴负责项目八的编写。本书编写还得到了广东省电子商务技师学院潘朝阳、吴俊钿的大力支持，在此谨表衷心谢忱。

由于编者水平，教材仍存有各种问题，恳请广大读者提出宝贵意见，以便修订时加以完善。

本书的参考学时为64学时，各章的参考学时参见下面的学时分配表。

章 节	项目内容	学时分配	
		讲授	实训
项目一	网站美工概述	2	0
项目二	网页视觉空间中的点线面	3	6
项目三	色彩的搭配设计	2	6
项目四	网页版式设计	2	4
项目五	文字元素设计	2	2
项目六	工商企业类型的网站美术设计	2	12
项目七	时尚类型的网站美术设计	2	12
项目八	个人网站的美术设计	1	6
总计		16	48

编　者

2015 年 11 月

目 录

CONTENTS

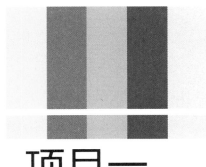

项目一
网站美工概述

网页美工

网页美术设计，是指网页设计者根据网页所要表达的主题，将大量信息通过整理、美化设计，使页面视觉漂亮、网页信息有条理，从而提高网页的阅读效率的创作劳动。

网页的美术设计是在整个网站设计过程中很重要的一个环节。网站浏览者通常以第一眼印象来决定逗留的时间长短，也就是在极短的几秒时间内，网站呈现出来的整体视觉感受给浏览者心理上的认可度，决定网站的黏合度。

一个网站由众多的基础设计元素构成，主要包括图像、动画、文本、声音、视频等。这些要素要围绕主题、风格进行细心、耐心的反复设计，从大局上营造氛围，从细节上打动浏览者。

任务1　导航设计

【任务描述】

为指定的导航文字设计成某种风格的导航条

【相关知识】

网页的导航是为了让浏览者在网页上迅速找到所需的信息，导航外观形态的醒目和导航链接的条理性、友好程度将直接影响网站的浏览效率。

随着各类网站的内容和风格差异，网页导航条有众多的不同风格。门户网站、专题网站由于栏目划分较多，导航注重的是简洁、清晰；公司网站一般会将导航风格与企业特征结合到一块，而个人网站导航的风格就灵活多变。

在这里推荐一些横向菜单导航条，虽然是传统形式，不过他们在细节上依然体现了创意。

（1）"对话式"的导航菜单

一个导航菜单最重要的目标，就是明白网站的栏目结构，引导访客浏览网站中的更多页面。但是，导航文字一般比较精简而导致这些关键字让人费解，并不能够吸引用户的注意，光是靠一两个关键字并不能能让浏览者立即明白设计者想要表达的意思。导航菜单的其中一个设计趋势，就是为导航菜单进行简短的补充说明，在大的菜单标题里再加上几个能够凸现出该页面的重要信息的关键词来吸引访客，让访客一目了然的知道，他进去这个页面，将会看到些什么东西。这种导航菜单可以称之为"对话式"的导航菜单（图1-1～图1-3）。

图1-1 对话式导航菜单（一）

图1-2 对话式导航菜单（二）

图1-3 对话式导航菜单（三）

同时，很多导航菜单也加入了一些大图标，可以更形象具体地表达主题，也利于不同语言的用户理解（图1-4 ～图1-7）。

图1-4 对话式+图标导航（一）

图1-5 对话式+图标导航（二）　　　图1-6 对话式+图标导航（三）

图1-7　图标导航

（2）Mac风格

有很多网站使用Mac风格的设计。苹果的设计风格是一种将产品本身的结构升华为一种装饰的设计理念，所谓的"越是简单，越是丰富"，但是一眼看上去又不是什么都没有，是注重完美的细节展现的一种设计概念（图1-8 ～图1-10）。

图1-8　Mac风格（一）

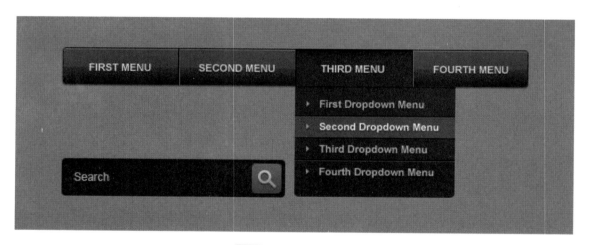

图1-9　Mac风格（二）

图1-10　Mac风格（三）

（3）手工绘画风格

手绘表现因继承了绘画艺术的技巧和方法，所以产生的艺术效果和风格便带有纯然的艺术气质（图1-11 ～图1-13）。

图1-11　手工绘画风格（一）　　　　图1-13　手工绘画风格（三）

图1-12　手工绘画风格（二）

【任务实施】

（1）观赏或收集一系列优秀的导航条，参考相关知识中的导航条风格，明确下一步的设计意图。

（2）导航条尺寸大概定在700px（宽）×50px（高）左右。

（3）使用"首页""介绍""日志""相册""朋友圈"作为导航文字，字体大小可以采用14～24px，注意选择好"消除锯齿"选项参数。

（4）在Photoshop中合理应用图层特效、渐变等知识点制作按钮基底，尽可能合理调节按钮的立体感，作为初学者，建议按钮制作的立体感不要过于强烈。

（5）可以使用一些内置的小图标给按钮添加效果。

【任务检测】

（1）导航条上各按钮处理手法是否统一。

（2）导航条风格是否明确清晰，处理上是否与风格符合。

（3）图标与文字大小是否处理和谐。

（4）各按钮的大小是否一致。

（5）PSD文件图层结构是否合理、准确。

任务2 文字设计

【任务描述】

对页面中的文字进行变化修饰

【相关知识】

对文字的处理主要是进行格式化和艺术化的处理，文字的格式化处理指的是文字的字体、字号、粗细、颜色的规范化；文字的艺术化处理是指在符合网站风格的基调上，发挥字体的图形性、装饰功能，使文字具有个性特征。网页中对于文字的设计，不能盲目的使用不同的字体、字号、字距等，要根据不同的需要选择适合这个网站风格的。

通常来说，网站中的字体数量不要过多，中文字体保持在3种左右便可，过多的字体会破坏画面感，也会影响阅读的舒适度。如果在设计时需要强调，可以从字体大小、粗细、字符间隔等参数上进行变化（图1-14）。

图1-14 不同的字体、字号、字距

政府类网页其文字具有庄重和规范的特质，字体造型规整而有序，简洁而大方，一般采用黑体或者是宋体。

休闲旅游类内容网页，文字编辑应具有欢快轻盈的风格，字体生动活泼，跳跃明快，有鲜明的节奏感，可以使用线条变化丰富的字体作为一些文字图片（图1-15）。

有关历史文化教育方面的网页，文字编辑可具有一种苍劲古朴的意蕴、端庄典雅的风范或优美清新的格调，一般采用仿古字体来烘托氛围。

公司网页可根据行业性质、企业理念或产品特点，追求某种富于活力的字体编排与设计（图1-16、图1-17）。

个人主页则可结合个人的性格特点及追求，别出心裁，给人一种强烈、独特的印象。

图1-15 手写体文字渲染风格

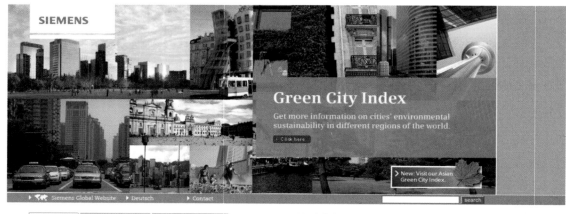

图1-16　整齐规范的字体群

图1-17　竖排+书法文字

【任务实施】

　　打开网页效果素材文件，如图1-18所示，根据不同的表达重点分配不同的文字样式。

　　（1）从上到下，注意导航条、右上角的入口链接、横幅海报文字、栏目摘要的标题与文字、页脚文字等地方的文字大小，进行反复细致的更改。

　　（2）调整个别地方的文字字体样式，以便于更充分表现主题。

　　（3）结合整个页面风格、主要色彩因素对以上需要注意的文字进行文字色彩的选择。

图1-18 页面截图

【任务检测】

（1）根据元素的重要性决定文字的大小、颜色等样式。

（2）文字是否根据需要调整字体样式，甚至进行变形处理。

（3）导航栏文字与导航栏边缘间距、按钮之间的间距是否合理。

（4）文字样式不宜超过6种，文字的黑白灰颜色取值是否规范。

（5）文字在100%比例下应该做到字形笔画清晰。

任务3　色彩设计

【任务描述】

设计一个网站的色彩方案

【相关知识】

网站页面的色彩设计包括网站的标准色彩、图片的色调、文字及链接的色彩。

色彩是烘托主题的最有效的要素，作为网页设计者来说，要根据浏览者的类型、社会背景、心理需求等来选择网页的色彩主题色与辅助色，做到有针对性的用色，所选的色彩与网页所表达的信息相符合，与传达的精神相统一。

作为初学者，色彩设计要求纯度不宜过高，数量不宜过多，以免引起浏览过程的视觉疲劳（图1-19 ～图1-22）。

图1-19 大面积纯度适中的黄绿色主调

图1-20 低明度的背景配上明度层次丰富的彩色

图1-21 高明度色彩搭配不乏轻松

图1-22 稳重的暗红色与雀巢标志统一

【任务实施】

针对给出的一个已经去色的网站效果图，如图1-23所示，结合主题及页面内容，书写一份色彩搭配方案。

图1-23　页面截图

（1）指明页面的主要色调、辅助色调，用RGB十六进制数值表示出各种颜色色值。

（2）具体指出各种色彩应用在界面的哪些对象、区域上。

（3）解释你搭配的色彩对应的象征意义。

【任务检测】

（1）主色彩、辅助色、点缀色描述是否正确。

（2）网站色彩安排是否体现出设计意图。

任务4　网页视觉流程设计

【任务描述】

给出若干个网页页面截图，绘制出视觉流程

【相关知识】

（1）网页视觉流程设计

视觉流程，是指页面内容的一种视觉传达过程，视线在观赏物上的移动过程。它是以人的生理和心理习惯的认知模式来进行的，从注意力的捕捉起，通过视觉流向的诱导，直至最后的印象留存。

合理的视觉流程应在与人们的认识过程的心理顺序和思维发展的逻辑一致的基础上，根据信息的主次（即传达重点）来确定各元素的顺序，并通过精心安排从而影响、引导浏览者的视线移动。

一条垂直线在页面上会引导视线做上下的视觉流动；水平线会引导视线向左右的流动；斜线比垂直线、水平线有更强的引导力；矩形的视线流动是向四方发射（顶点）；圆形的视线流动是辐射状的（爆炸或收缩）；三角形则随着顶点产生流动；图形由大到小排列时，会按排列方向流动。

有时，视线关注的起点是与众不同的对象，即与周围大量对象有比较大的差异。哪怕是满版的彩色图片中的一张黑白图片，或者是大图片群中的小图片，放在一起都会引起差异的放大。

（2）网页的最佳视域

人们在阅读时视线通常是：从左到右，从上到下，从左上到右下。因此一般注意力最大的位置依次是版面的上部、左部、中上，它们即是画面的最佳视域。但与静止的平面设计不同，网页是动态的，它常常需要滚动浏览。当网页滚动时，显示器会出现不同的滚屏效果，由于页面还担负着导航的任务，而人们往往在浏览结束时点击链接前往另一页面，因此页面的底部也是最佳视域之一。

主要信息的突出：页面的编排要以突出主要信息为目标，组织页面的设计元素，合理引导视觉（图1-24～图1-27）。

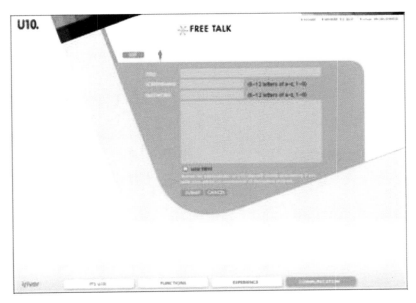
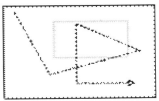

图1-24 网页设计及视觉流程示意图（一）

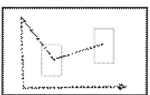

图1-25 网页设计及视觉流程示意图（二）

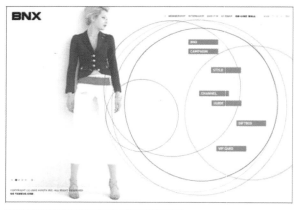
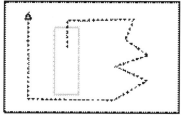

图1-26 网页设计及视觉流程示意图（三）

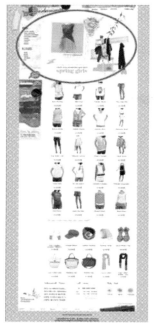
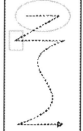

图1-27 网页设计及视觉流程示意图（四）

　　一般情况下，长页面的注意中心位于页面的上部，往往是视觉流程的起点，设计中要传达的主要信息，如主标题、重要内容等都可放在注意中心上。

【任务实施】

为下列三个页面（图1-28 ～图1-30）附上视觉流程示意图。注意在垂直滚屏页面，视觉流程应考虑一个屏幕的有限视觉空间，也就是视觉起点从上至下。

图1-28 页面截图（一）

图1-29 页面截图（二）　　　　　　　　　　**图1-30** 页面截图（三）

【任务检测】

（1）视觉流程图中流程的走向正确与否。

（2）视觉行进路线是否能表现设计意图。

任务5 优秀的网页特征

【任务描述】

对指定网站进行赏析

【相关知识】

（1）网站主题信息

具体来说，要使传达的主题信息明确，可以从两个方面着手：

① 运用视觉习惯和逻辑规律，对网页的主题文本进行条理性、样式化的处理。

② 通过艺术的形式美法则，对网页的各种构成元素进行条理性版式处理。

图1-31是一个冬季度假景点的网站，蓝色的色调配上皑皑的白雪，立即将主题表达出来，楼宇屋面的红色在冷调子下很鲜明，网站LOGO在整个页面中同向排列出现3次，重复刺激受众。

图1-31 网站LOGO同向排列呈斜线

图1-32 单一色彩能更好与元素布局搭配

（2）网站内容与视觉形式的统一

网页设计的内容与形式的表现要统一，形式表现必须服从内容的要求，网页中各视觉元素之间构成的视觉流程，要能自然有序地放到信息诉求的重点位置且保持版面上的一致性。这样使页面的内容以合理的方式排布，网页的整体感强同时又有变化，内容更丰富。

图1-32是一个设计类的网站，左右布局使信息条理清晰，鲜红色块重点突显网站LOGO和该公司的荣誉。在规则的布局排列下，右边圆形图片

的排列采用平衡的方式，既有大小的不对称变化，也能保持整个网站的严谨特点。

（3）鲜明的整体设计风格

风格定位是网页设计过程中首先要考虑的问题，它主要体现在标题和行业特征上。优秀的网页需要做到标题的风格和整体风格的确定，同一网站中的页面即有不同的内容又保持了整体的设计风格（图1-33 ～图1-35）。

图1-33 对称布局+咖啡色显得优雅端庄

图1-34 中间图片组仍是对称式设计

图1-35 图像前后虚实变化

【任务实施】

书写一份关于图1-36页面的网页赏析，从该网站的主题、构图方式、色彩搭配、图片处理等方面进行阐述。

图1-36 网页截图

（1）思考网页传达的主题内容，并描述出来。
（2）从网页构图布局方面分析。
（3）从色彩搭配方案与企业LOGO所代表企业色的联系上分析。
（4）从图像具体内容、形状进行分析。

【任务检测】

（1）能否理解网站主题。
（2）正确解释构图方式以及该构图方式对应的特点。
（3）能否正确阐述色彩搭配方案。
（4）正确解释该页面图形的设计与网站主题及LOGO的关联。

项目二
网页视觉空间中的
点线面

网页美工

不同的点、线、面之间的不同组合，可以体现不同的情感诉求。在网页的视觉构成中，点、线、面既是造型元素，同时也是最重要的表现手段。

图2-1　散点式

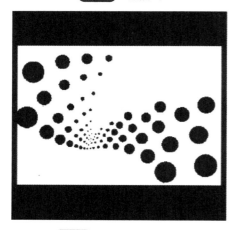

图2-2　韵律感的点排列

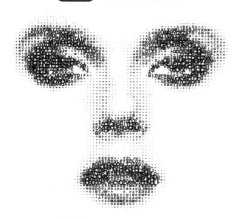

图2-3　密集点形成面

任务1　点构成

【任务描述】

运用点构成原理完成一个页面的重新设计

【相关知识】

（1）点的形态特征

任何单独而细小的形象都可以称作点。比如，页面中的一个文字、一个按钮、一张图片都可以称为页面中的点。点的性质不一定是圆形。

① 不同大小、疏密的混合排列，使之成为一种散点式的构成形式（图2-1）。

② 将点按一定的方向进行有规律的排列，给人的视觉留下一种由点的移动而产生线化的感觉。

③ 点按一定的轨迹、方向进行变化，使之产生一种优美的韵律感（图2-2）。

④ 把点以大小不同的形式，既密集又分散的进行有目的的排列，产生点的面化感觉（图2-3）。

（2）点的构成应用

在图2-4这个页面中，运笔一点，浓黑的墨点与背景晕染的墨迹产生大小、虚实的对比，毛笔方向及网站名称竖向排列，将视线引导到下方的导航栏。右上角的红色印章也作为色彩上对比的一个点缀点，由于考虑到首页布局采用对称式，红色印章位置往中轴线靠拢，以避免重量上产生过多的倾斜。

图2-5是同一网站二级页面中的一个，左上角的墨点、右上角的印章以及两个杯、若干个小棋子都看成画面中的点元素。这些点元素以倒三角形进行布局，能带来一种活力，给平静的黑白配色带来格局上的紧张。由于左边墨点面积带来的视觉力量过大，红色印章的位置也比首页中的位置靠右，来实现重心上的平衡处理。在这个页面的下部，以点形式存在的小图标的水平排列，形成平稳、安详的线的感觉，将倒三角带来的不稳定感受减弱。

图2-4 毛笔有力的一点

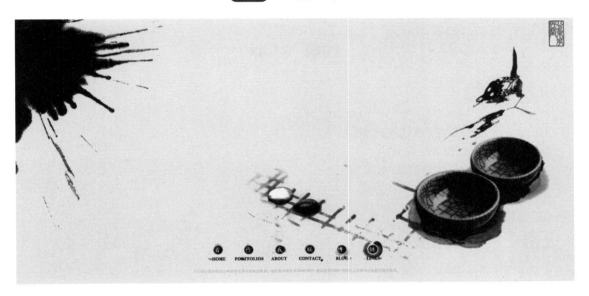

图2-5 墨滴、杯和红印章构成倒三角形

【任务实施】

运用点构成原理完成对图2-6页面的重新设计。

（1）分析原页面的设计特征。

（2）在Photoshop中对原有布局重新设计，可以考虑将中间的酒瓶、杯子、水果位置、大小、排列方式进行调整。

（3）重点对页面中的红色方点重新设计，可以改变颜色、形状等，LOGO位置可以变化。

（4）布局大致调整好之后，对元素颜色进行设计。

图2-6 网页截图

【任务检测】

（1）LOGO、导航条位置是否恰当。

（2）主体对象是否表达充分。

（3）是否将点的设计原则运用得当。

任务2　线构成

【任务描述】

运用线构成原理完成一个页面的重新设计

【相关知识】

（1）线的形态特征

点的延伸形成线。线在页面中的作用在于表示方向、位置、长短、宽度、形状、质量和情绪。线是分割页面的主要元素之一，是决定页面现象的基本要素。

线的总体形状有垂直、水平、倾斜、几何曲线、自由线这几种可能。

线是具有情感的。水平线开阔、安宁，平静；斜线带有动力、速度及不安；垂直线庄严、挺拔、有力量；折线变化丰富、易形成空间感和不安定感；曲线柔软流畅，具有韵律美；粗线阳刚、有质感；细线精致、挺拔、锐利。线的形象不同表现出线的个性，产生了不同的心理作用。

① 密集排列的线形成面的视觉效果（图2-7）。

② 疏密变化的线产生透视空间的效果（图2-8）。

③ 线的粗细变化产生虚实空间的效果（图2-9）。

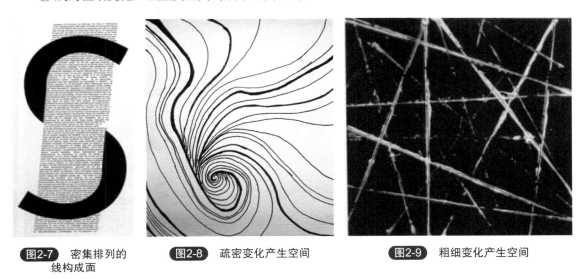

图2-7　密集排列的线构成面　　图2-8　疏密变化产生空间　　图2-9　粗细变化产生空间

（2）线的构成应用

在图2-10这个页面中，浅土黄色的水平粗线条的整齐排列可以形成一种强烈的形式感，细长自由曲线的运用，打破了水平线组成的庄严和单调，给网页增加了丰富、流畅、活泼的气氛。

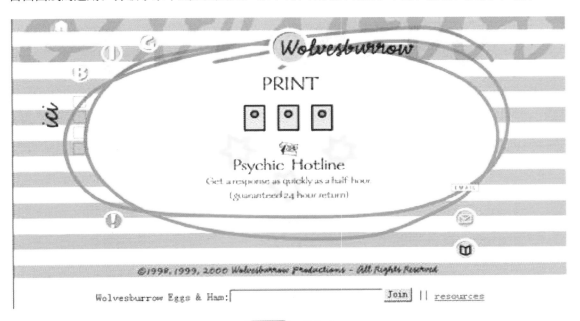

图2-10　线构成

水平线和自由曲线的组合运用，形成新颖的形式和不同情感的对比，从而将视觉中心有力地衬托出来。

图2-11中，围绕同心的放射圆，在粗细和虚实上形成深度空间，清晰的LOGO又再次产生对比关系，非常引人注目。页面左边，长短不一的线段在视觉中形成虚实的变化，强调了页面空间的构成。

图2-11 线构成（一）

图2-12中，离心放射的线条，具有力量的感觉，使版面的视线更加开阔，同时具有吸引浏览者视线的作用。

图2-12 线构成（二）

图2-13中，流畅的曲线，将乳制品柔软顺滑的口感体现出来。

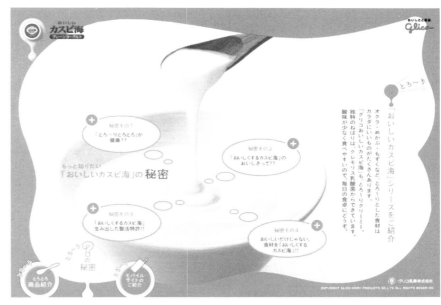

图2-13　线构成（三）

图2-14中，图片中交错缠绕的对比的蓝黄线条，像球体运动的轨迹，又像游乐场中的过山车轨道，使得页面非常活泼。蓝彩条上的星星点缀，增加了游乐场梦幻、好玩的感觉。

图2-14　线构成（四）

图2-15中，向上、挺拔的直线代表了企业的雄厚实力和积极向上的企业文化。

图2-15　线构成（五）

图2-16中，草地形成的水平线象征辽阔的高尔夫场地，建筑形成的曲线不失时机地将视线引导到左上方的导航链接。

【任务实施】

使用Photoshop打开素材，如图2-17所示，对页面进行重新设计。

图2-16　线构成（六）

图2-17　可口可乐官方网站

（1）分析网站主题，公司文化。

（2）分析框架布局是否能渲染出主题特征。

（3）调整曲线弧度、颜色、虚实、疏密、数量，注意曲线的方向所引导的视觉走向。

【任务检测】

（1）LOGO位置是否恰当。

（2）主体对象是否表达充分。

（3）小图片的排列方式是否合理。

（4）导航区布局的合理性。

（5）背景的处理是否合理。

任务3　面构成

【任务描述】

根据面构成原理重新设计页面

【相关知识】

（1）面的形态特征

线的推移形成面。面是无数点和线的组合。面具有一定的面积和质量，占据空间的位置更多，因而相比点和线来说视觉冲击力更大、更强烈。

面的形状可以大概的分为以下几种。

① 几何形的面：方、圆、三角、多边形的面在页面中经常出现。而一段文字也可以看作是一个方形的面；表现规则、平稳理性的视觉效果（图2-18）。

图2-18　几何形的面

② 有机形的面：可以重复和再现的自由形；表现柔和、自然、抽象的效果（图2-19）。

③ 偶然形的面：不管用何种方法，每次产生的结果都不一样，如泼溅、吹颜料等方式产生的形态。具有自由、活泼而富有哲理性的特征（图2-20）。

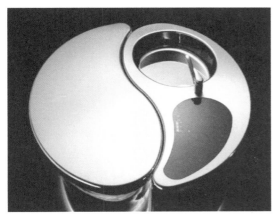

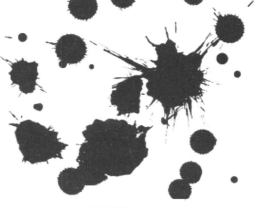

图2-19　有机形的面　　　　　　　　　　　　　图2-20　偶然形的面

（2）面的构成应用

　　图2-21中，网页从顶部的视觉黄金位置开始，无缝连接边界的较大的黑色色块，与下方的方形图像、白色色块间隔交错排列，形成一格格阶梯般的节奏。稳重的图像方形面为避免画面重心失衡，都安排在中轴线两侧，轻快的白色方形面作为小砝码去细调。大面积的红色色块在低纯度的群体中异常突出，其中蜿蜒的光线不仅仅引导视线的走向，还从形态上做到了线与面的对比，更使得画面富有纵深感。

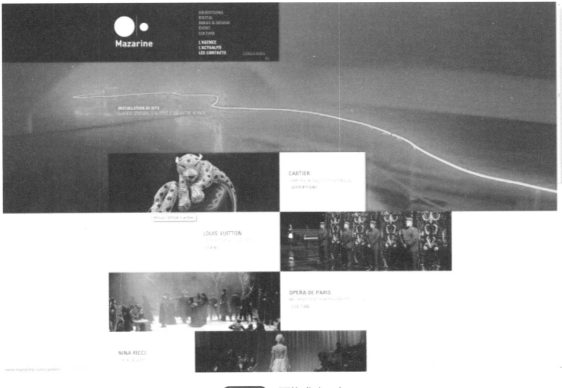

图2-21　面构成（一）

图2-22这个页面大量采用光滑、流畅的弧面，页头中的流水线被分割为两段，尖端相对给整个平和的画面带来一些刺激。中间区域中不同大小、层次的圆形面与直角边的风车又产生对立。

图2-22　面构成（二）

倒三角形可以给人们活泼，新颖的感觉，但倒三角面的不稳定性也可以制造紧张、危险的气氛。如图2-23所示，圆形的面和自由形的面组成了一个极不稳定的倒三角构图，营造了一个动感、紧张的环境，画中的卡通人物以轻松活泼的方式舒缓了气氛。

图2-24中，耐克的站点大量采用了接近圆形的几何面，加上灌篮高手的精彩定格，使整个站点充满了跳跃和运动的感觉。自然形（乔丹）的运动方向对视线的引导起了很大作用，他将视线牵引到页面的右上角重点要推荐的产品了。

【任务实施】

根据面构成原理重新设计图2-25的页面。

（1）分析网站主题，产品面向的消费群体以及消费群体色彩喜好。

（2）先考虑框架结构，一般来讲海报大图基本上能决定布局。

（3）注意小图片的排列方式，大汽车与小汽车的对比关系。

（4）红黑色对比大的搭配，注意面面之间的距离、对齐以及中间的一些分割色。

（5）大量文字形成的面也是不容疏忽的。

（6）最后结合产品的特征对元素的色彩进行微调。

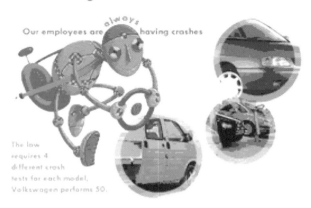

图2-23 面构成（三）

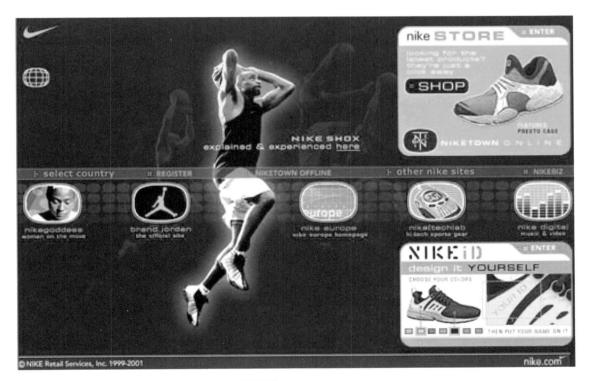

图2-24 面构成（四）

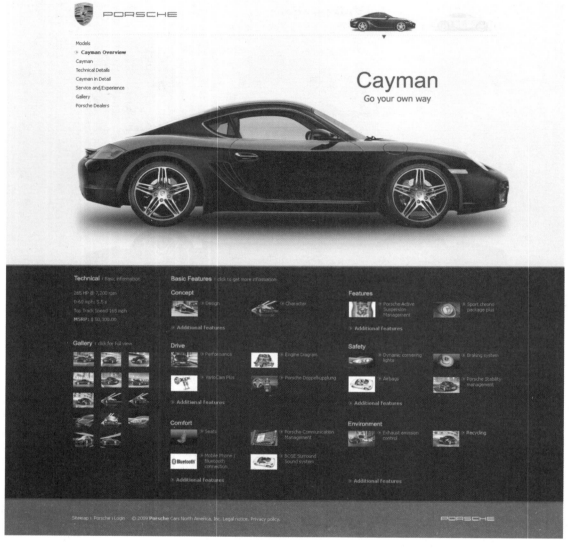

图2-25　网页截图

【任务检测】

（1）整体效果能否表现出产品特征。

（2）面与面之间的关系处理是否恰当。

（3）众多元素的对齐是否存在问题。

项目三
色彩的搭配设计

网页美工

任务1 色彩三要素

【任务描述】

了解色彩三要素。要求制作色相对比、明度对比、纯度对比各五组作业

【相关知识】

（1）色彩三要素

① 色相：色彩本身的固有颜色称之为色相。每个颜色都有一个名称，称为色相名，如"红""黄""蓝"等（图3-1）。

② 明度：指色彩的亮度或明度，这是光的反射率不同造成的。无彩色中，反射光最多的是白色，明度高；吸收光最多的黑色，明度低。有彩色中最明亮的是黄色，最暗的是蓝紫色。

③ 纯度：色的强弱程度叫"纯度"。色强的叫"高纯度"，色弱的叫"低纯度"。纯度高，则色饱和度最高，是纯色。原色的纯度最高，颜色叠加后纯度渐弱（图3-2）。

（2）色彩类别

三原色：按照减色模式和加色模式，分别为不同的三种原色。

减色模式（印刷模式、CMYK模式）如图3-3所示。

加色模式（RGB模式）如图3-4所示。

网页设计采用的是RGB加色模式。

间色：由两种原色调配而成的颜色，又叫二次色。红+绿=黄，绿+蓝=青，蓝+红=品红（黄、青、品红为三种间色）。三原色、三间色为标准色。

复色：由三种原色按不同比例调配而成，或间色与间色调配而成，也叫三次色，再间色。因含有三原色，所以含有黑色成分，纯度低，复色种类繁多，千变万化。

互补色：色环中180°对应的两种颜色，对比最强烈。

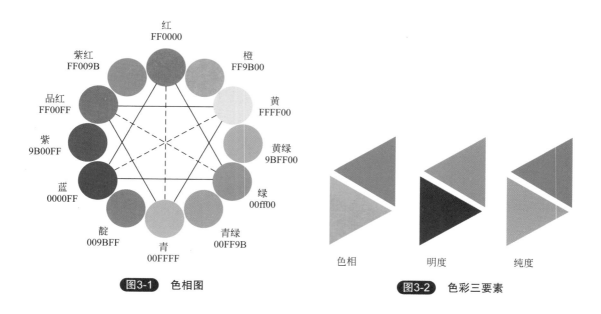

图3-1　色相图

图3-2　色彩三要素

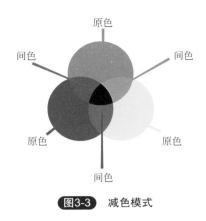

图3-3 减色模式

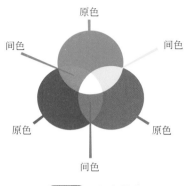

图3-4 加色模式

【任务实施】

打开"色彩要素设计.psd"，使用Photoshop中的拾色器挑选颜色，填充到图3-5中对应的方框内，完成色相对比、明度对比、纯度对比的练习。

【任务检测】

（1）色相对比是否具备典型性。

（2）纯度变化应比较明显。

（3）明度对比应比较明显。

色相对比 □ □

色相对比 □ □ □

纯度对比 □ □ □ □

纯度对比 □ □ □ □ □

明度对比 □ □ □ □

明度对比 □ □ □ □ □

图3-5 色彩练习

任务2　色彩的心理象征

【任务描述】

收集若干个有明显色彩倾向的网页，并说明其色彩意义

【相关知识】

不同的色彩的代表不同的心理象征。

① 红色。红色使人感觉温暖、兴奋、活泼、热情、积极、希望、忠诚，但有时也被认为是幼稚、原始、暴力、危险、卑俗的象征。

深红及带紫味的红给人感觉是庄严稳重而又不失热情的色彩，常见于欢迎贵宾的场合。含白的高明度粉红色，则有柔美、甜蜜、梦幻、幸福、温雅的感觉，几乎成为女性的专用色彩（图3-6、图3-7）。

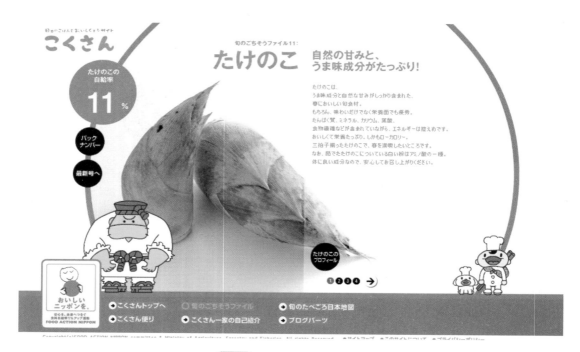

图3-6　红色彰显热情、幸福

图3-7　淡红色显得有柔美、温雅

② 橙色。橙与红同属暖色，具有红与黄之间的色性，感觉活泼、华丽、辉煌、跃动、炽热、温情、甜蜜、愉快、幸福，但也有疑惑、嫉妒、伪诈等消极倾向性表情。

含灰的橙成咖啡色，含白的橙成浅橙色，俗称血牙色，与橙色本身都是服装中常用的甜美色彩，也是众多消费者特别是妇女、儿童、青年喜爱的服装色彩（图3-8、图3-9）。

图3-8　橙色具有活泼、炽热特性

图3-9 纯度较低的橙色显得温和

图3-10 高明度黄色显得轻快、活泼

③ 黄色。黄色是彩色中明度最高的色彩，具有轻快、透明、活泼、光明、辉煌、希望等印象。但黄色过于明亮而显得刺眼，并且与它色相混即易失去其原貌，故也有轻薄、不稳定、变化无常、冷淡等不良含义。

含白的淡黄色感觉平和、温柔，含大量淡灰的米色或本白则是很好的休闲自然色，深黄色却另有一种高贵、庄严感。由于黄色极易使人想起许多水果的表皮，因此它能引起富有酸性的食欲感（图3-10）。

④ 绿色。绿色象征生命、青春、和平、安详、新鲜等，带给人们春天的气息，颇受儿童及年轻人的欢迎。

蓝绿、深绿是海洋、森林的色彩，有着深远、稳重、沉着、睿智等含义。

含灰的绿，如土绿、橄榄绿、咸菜绿、墨绿等色彩，给人以成熟、老练、深沉的感觉（图3-11）。

⑤ 蓝色。与红、橙色相反，是典型的寒色，表示沉静、冷淡、理智、高深、透明等含义，也是科技企业体现其现代感的专用色。当然，蓝色也有其另一面的性格，如刻板、冷漠、悲哀、恐惧等。

浅蓝色系明朗而富有青春朝气，为年轻人所钟爱，但也有不够成熟的感觉（图3-12）。深蓝色系沉着、稳定，为中年人普遍喜爱的色彩。其中略带暖味的群青色，充满着动人的深邃魅力，藏青则给人以大度、庄重印象。

图3-11 绿色代表健康、生命

图3-12 浅蓝色代表明朗、朝气

⑥ 紫色。具有神秘、高贵、优美、庄重、奢华的气质，有时也感孤寂、消极。尤其是较暗或含深灰的紫，易给人以不祥、腐朽、死亡的印象。但含浅灰的红紫或蓝紫色，却有着类似宇宙星云色彩的幽雅、神秘（图3-13）。

图3-13 紫色具有神秘、优美

⑦ 黑色。往往给人感觉沉静、神秘、严肃、庄重、含蓄，另外，也易让人产生悲哀、恐怖、不祥、沉默、消亡、罪恶等消极印象。大面积黑色的使用容易产生压抑、阴沉的感觉（图3-14）。

⑧ 白色。白色给人印象有洁净、光明、纯真、朴素、恬静等。在它的衬托下，其他色彩会显得更鲜丽、更明朗。过多使用白色还可能产生平淡无味的单调、空虚之感（图3-15）。

图3-14 黑色显得沉寂

图3-15 白色显得干净、光明

⑨ 灰色。灰色是中性色，其突出的性格为柔和、细致、平稳、朴素、大方，它不像黑色与白色那样会明显影响其他的色彩，作为背景色彩非常理想。任何色彩都可以和灰色相混合，略有色相感的含灰色能给人以高雅、细腻、含蓄、稳重、精致、文明而有素养的高档感觉。当然滥用灰色也易暴露其乏味、寂寞、忧郁、无激情的一面（图3-16）。

图3-16 灰色显得柔和、高雅、细腻

⑩ 土褐色。含一定灰色的中、低明度各种色彩，如土红、土绿、熟褐、生褐、土黄、咖啡、古铜、茶褐等色，性格都显得不太强烈，其亲和性易与其他鲜艳色彩配合，视觉效果也是相当不错（图3-17）。

【任务实施】

（1）利用搜索引擎或者专业的网站设计类站点，搜索合适的网页。

（2）将首页、二级页面、三级页面进行截图保存，并附上解释文字。

（3）分析网站主题内容与色彩方案。

【任务检测】

（1）网页是否具备鲜明的风格。

（2）二级、三级页面的风格描述是否恰当。

（3）从细节中是否衬托出主题。

任务3 色彩的对比与调和

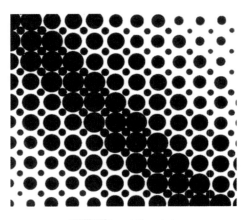

图3-18 形体、空间

【任务描述】

为网页进行对比和调和处理

【相关知识】

（1）色彩的对比

对比是指差异明显的视觉造型元素。对比手法的主要形式有形体对比、空间对比、质地对比、肌理对比、色彩对比、方向对比、虚实对比（图3-18 ~ 图3-21）。

（2）色彩的调和

色彩调和可以理解为缓和对比冲突，双方采用的一种过渡手法，在网页表现为和谐与美感的色彩关系，这个关系就是色彩的色相、明度、纯度之间的组合的"缓解"关系。

比如明度的近似调和就是通过使各色明度差异减小，达到明度近似的状态时，就在某种程度上降低画面各色的对比因素，致使调和。

再比如在对比色或互补色之间嵌入金、银、黑、白、灰中任何一色，或嵌入对比或互补色的中间色，如红和绿之间嵌入黄，黄与紫之间嵌入蓝等，采取包边线或色带、色块间隔的方法，作为两色之间的缓冲色，从而缓解了对比色或互补色直接对比的强度，使其配色达到调和。

简单地说，对比强调差异、产生冲突；调和寻求共同点，缓和矛盾。

图3-19 空间

图3-20 肌理

图3-21 虚实

图3-22中,红色系在纯度上的变化,红蓝之间的黑色包线,采用中低明度弱化红蓝对比色,这些手法就是属于调和。

图3-23中,鲜亮的红色与中亮的绿色本是抢眼的对比效果,通过添加黄色色块,分割成小面积的红绿色块,添加中性色或者中间色调都是调和的手法。

图3-22　对比和调和(一)　　　图3-23　对比和调和(二)

(3)色彩的面积与位置

色彩面积的占用与合理配置在色彩构成中是相当重要的。色彩面积大小会造成视觉的刺激与心理影响的变化。如小块的纯色大红使人感觉鲜艳可爱,大块的纯色大红使人觉得兴奋激动,而过于巨大的纯色大红会有过分刺激而造成的疲倦之感,进而产生一种难以忍受的一种烦恼。

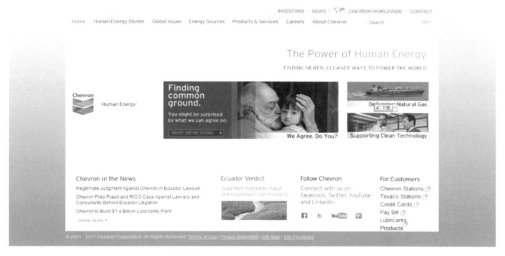

图3-24　小面积的红色块更加突出

通常大面积的色彩设计多选择明度高、饱和度低、对比弱的色彩,给人带来明快,持久和谐的舒适感。中等面积的色彩多用中等程度的对比,邻近色组及明度中调对比就用得较多,既能引起视觉兴趣,又没有过分的刺激。小面积的色彩常用鲜色和明色以及强对比,目的是让人充分注意(图3-24 ~图3-26)。

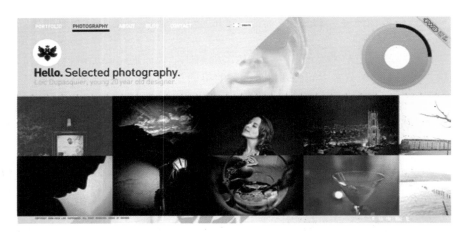

图3-25 右上的黄线带来视觉焦点的转移

图3-26 红绿二色在色相上形成对比差异

【任务实施】

打开素材图3-27，除了保留LOGO的颜色外，其他元素均已去色。

图3-27 网页截图

（1）根据企业特征，常用的企业色中选择一组对比色作为主要色彩，分布的范围可以选择背景、大图像、导航等地方。在这组对比色中，一个色彩作为网页的主要色调，另外一个作为要传达重点的手段。

（2）在页面一些特点区域，比方说对比强烈的区域，使用调和的手段缓和矛盾。

（3）在Photoshop中上色可以使用"色彩平衡"或者"色相饱和度"。

【任务检测】

（1）主色调是否跟企业文化有关联。

（2）对比色是否突出主体。

（3）调和是否和谐了矛盾的双方。

任务4 色彩的搭配

【任务描述】

以色相、明度、纯度为依据进行色彩搭配

【相关知识】

（1）以色相为依据的色彩搭配方案

采用不同色调的同一色相时，称之为"同一色相配色"；而采用两侧相近颜色时，称之为"类似色相配色"。类似色相是指在色相环中相邻的两种色相（图3-28）。

同一色相配色与类似色相配色总体上会给人一种安静整齐的感觉。例如在鲜红色旁边使用了暗红色时，当然会给人一种较协调整齐的感觉。

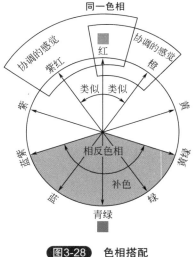

图3-28 色相搭配

在色相环中位于红色对面的青绿色是红色的补色，补色的概念就是完全相反的颜色。在以红色为基准的色相环中，蓝紫色到黄绿色范围之间的颜色为红色的相反色相。相反色相配色是指搭配使用色相环中相距较远颜色的配色方案。

这与同一色相配色或类似色相配色相比更具变化感，适当地搭配好补色可以突出显示颜色并给人轻快的感觉。很多民族服饰和儿童服装采用的都是典型的基于色相的配色方案，这种配色方案在拉丁美洲与亚洲的使用最为广泛（图3-29、图3-30）。

图3-31中，主要是以红色与蓝色之间的色相对比。天蓝色的背景与沉稳的砖红色产生强烈的色相对比关系，作为两者矛盾的调节色，云彩的白色和人物的巧克力色起到一定缓冲作用。

图3-29 红色、橘黄色进行类似色搭配

图3-30 红色、蓝色为对比色搭配（一）

图3-31 红色、蓝色为对比色搭配（二）

（2）以明度为依据的色彩搭配方案

每一个色相都有不同的明暗程度，且它的变化可以控制色彩的表情，利用色彩高低不同的明暗调子，可以产生不同的心理感受。如高明度给人明朗、华丽、醒目、通畅、洁净、积极的感觉，中明度给人柔和、甜蜜、端庄、高雅的感觉，低明度给人严肃、谨慎、稳定、神秘、苦闷、钝重的感觉。

通过不同明度的变化，能明显地体现出页面的色彩层次感来。如果不是通过数值来分析判断，容易误认为除了明度外有可能纯度会有所不同，这时候适当的使用数值模式会很容易得到正确结论（图3-32、图3-33）。

图3-34中的黑夜背景，巧妙地引入月光的概念，强化了月色下树木的反光亮度，拉开亮度变化的同时，更能体现出仙境般的韵味。

（3）以纯度为依据的色彩搭配方案

纯度的运用起着决定画面吸引力的作用。纯度越高，色彩越鲜艳、活泼、引人注意、冲突性越强；纯度越低，色彩越朴素、典雅、安静、温和。因此常用高纯度的色彩作为突出主题的色彩，用低纯度的色彩作为衬托主题的色彩，也就是高纯度的色彩做主色，低纯度的色彩做辅色（图3-35、图3-36）。

图3-32　橘色的明度搭配

图3-33　绿色的明度搭配

图3-34　明度对比网页

图3-35　红色的纯度搭配（一）

图3-36　红色的纯度搭配（二）

图3-37中的蓝色在明度、纯度上均有较大变化，高纯度的黄绿色以点、线、面的形式去进行点缀、分割版面。白色、灰色在这个页面中起到调和作用，弱化对比。

图3-37　纯度对比网页

【任务实施】

打开素材"色相明度纯度配色.psd"，如图3-38所示，对该页面进行配色。
（1）确定企业文化、网站主题。
（2）明确配色使用的主要色彩、辅助色、点缀色。
（3）选择色相或者是明度、纯度其中一种搭配方案对页面进行配色。

【任务检测】

（1）企业文化、主题定位是否合理。
（2）主色调选择是否合理。
（3）明度、纯度的变换是否丰富。

图3-38　网页截图

项目四

网页版式设计

网页美工

网页的版式设计，是指在有限的屏幕空间内，按照设计师的意图将网页的形态要素按照一定的艺术规律进行组织和布局，使其形成整体视觉印象，最终达到有效传达信息的视觉设计。

网页的版式设计不仅是页面的美化设计，更重要的是通过形式的表达把网页的信息内容传递给浏览者，使网页的形式表达成为与浏览者的沟通手段。那些只讲花哨而脱离内容的表现形式，只重视网页形式上的美感而淡化了主题思想的逻辑，是不足取的。

不同种类、版本的浏览器观察同一个网页页面时，其效果会有所不同；而且用户浏览器的工作环境不同，显示效果也不一样。这就使得网页设计者不能精确控制页面的每个元素的尺寸和位置，因为不同的显示器分辨率不同，网页的显示环境可能出现800×600像素、1024×768像素、1280×1024像素等不同尺寸。

任务1 图像、文字的混排

【任务描述】

在网页中合理搭配图像与文字，形成特定的版式风格

【相关知识】

（1）网页图像的前期处理手法

① 图像的外形处理。外形处理要根据网站主题来定夺，方形显得稳定、严肃。圆形或曲线显得活泼、柔软、圆满。三角形显得锋锐、稳定、向上或者是倾斜动荡。

② 图像的面积。大图像容易形成视觉焦点，情感强烈。小图像穿插在文字中，显得简洁精致，起点缀作用。

③ 图像的数量。只有一幅图像，会使内容突出，页面安定。适当增加几张图像，页面有了对比和呼应，变得活跃。

④ 图底关系。图像与背景在和谐统一的基础上，应存在一定的对比，使主要图像更加突出。大面积的留白，也会起到突出主题形象的作用。

（2）网页图像与文字的混排

网页版式的基本类型如下，要求说明适用于什么类型的网站。

① 骨骼型。网页版式的骨骼型是一种规范的、理性的分割方法，常见于信息量巨大的门户或专题网站。常见的骨骼有竖向通栏、双栏、三栏、四栏和横向的通栏、双栏、三栏和四栏等。一般以竖向分栏为多。这种版式给人以和谐、理性的美。几种分栏方式结合使用，既理性、条理，又活泼而富有弹性（图4-1）。

② 满版型。页面以图像充满整版。主要以图像为诉求点，也可将部分文字压置于图像之上。视觉传达效果直观而强烈。满版型给人以舒展、大方的感觉。随着宽带的普及，这种版式在网页设计中的运用越来越多（图4-2）。

图4-1 骨骼型

图4-2 满版型

③ 分割型。把整个页面分成上中下或左中右，分别安排导航类目和具体内容。两个部分形成对比：有图片的部分感性而具活力，导航部分则理性而平静。倘若通过文字或图片将分割线虚化处理，就会产生自然和谐的效果（图4-3）。

图4-3　分割型

④ 中轴型。沿浏览器窗口的中轴将图片或文字作水平或垂直方向的排列。水平排列的页面给人稳定、平静、含蓄的感觉，垂直排列的页面给人以舒畅的感觉（图4-4）。

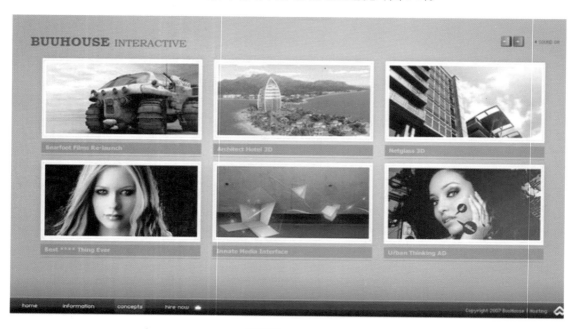

图4-4　中轴型

⑤ 曲线型。图片、文字在页面上作曲线的分割或编排构成，产生韵律与节奏（图4-5）。

图4-5 曲线型

⑥ 对称型。对称的版式给人稳定、庄重理性的感觉。对称有绝对对称和相对对称。一般多采用相对对称以避免过于严谨。对称一般以左右对称居多（图4-6）。

⑦ 焦点型。焦点型版式产生视觉焦点，使强烈而突出（图4-7）。焦点型有三种类型：

A.中心焦点型——直接以独立而轮廓分明的形象占据版面中心。

B.向心——视觉元素向版面中心聚拢的运动。

C.离心——犹如将石子投入水中，产生一圈圈向外扩散的弧线运动。

图4-6 对称型

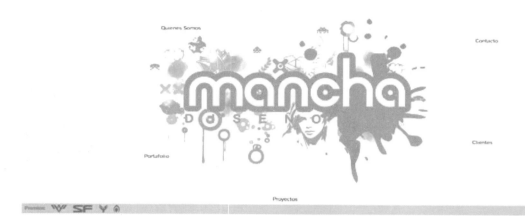

图4-7 焦点型

⑧ 三角形。在圆形、四方形、三角形等基本形态中，正三角形（金字塔形）是最具安全稳定因素的形态，而圆形和倒三角形则给人以动感和不稳定感（图4-8）。

图4-8 三角形

【任务实施】

在Photoshop中打开相关的"改变版式.psd"素材（图4-9）。将原有的版式改为"曲线型"或者"对称型"版式，允许图像、文字的大小及位置再次修改。

（1）先隐藏小图像及文字段落，保留基本的页头区、大图、页脚区。

（2）确定框架布局为曲线型或者是对称型。

（3）根据布局设想逐步调整小图及文字位置。

（4）最后细微调整。

【任务检测】

（1）框架布局是否与意图相符。
（2）图文元素的处理与布局是否相符。

任务2 统一与变化

【任务描述】

运用统一与变化的原理设计各级页面

【相关知识】

网页版式中的统一主要包括：版式的统一、字体的统一、设计风格与均衡方式的统一、明暗色调的统一。

　　将有相同特征和形状的元素在页面各处重复使用，有效地实现统一；但过于强调统一会使人感觉单调、呆板。所以适当地在一些细节方面做一些调整，求统一中有变化的视觉效果（图4-10 ～图4-18 ）。

图4-10　　统一与变化（一）

图4-11　　统一与变化（二）

图4-12　　统一与变化（三）

图4-13　统一与变化（四）

图4-14　统一与变化（五）

图4-15　统一与变化（六）

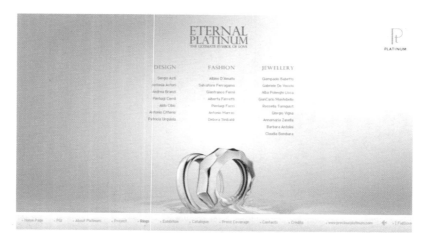

图4-16 统一与变化（七）

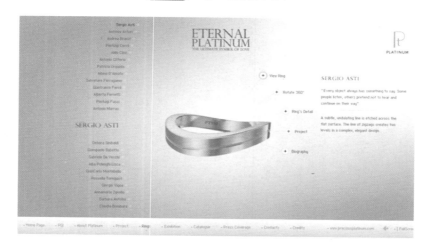

图4-17 统一与变化（八）

图4-18 统一与变化（九）

【任务实施】

打开"统一变化（主页面）.psd"（图4-19），分析其设计风格，利用其中的元素对"统一变化（二级页面）.psd"进行版式设计。

图4-19　网页截图

（1）不要求更改韩文。

（2）观察思考首页页面风格、框架布局、色彩搭配以及元素细节。

（3）利用首页中的一些元素复制到二级页面中以达到统一风格。

（4）在做到风格统一的同时，注意调整二级页面中元素的位置、颜色、方向、形态等达到适当的变化。

【任务检测】

（1）风格表现上是否做到统一，主要集中在色彩表现、图片处理手法、导航位置。

（2）二级页面中版式要有所变化。

（3）二级页面中部分元素色彩、大小等要素重新设计。

任务3 对称与均衡

【任务描述】

使用对称与均衡的法则重新设计一个页面

【相关知识】

均衡，是指视觉中心两侧不同形式的视觉因素的大体等量关系。

对称是一种最简单的均衡，分为绝对对称和相对对称（图4-20 ～图4-26）。

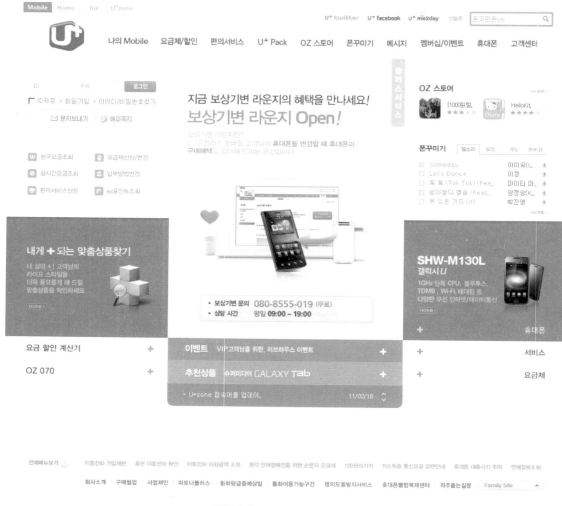

图4-20 对称与均衡（一）

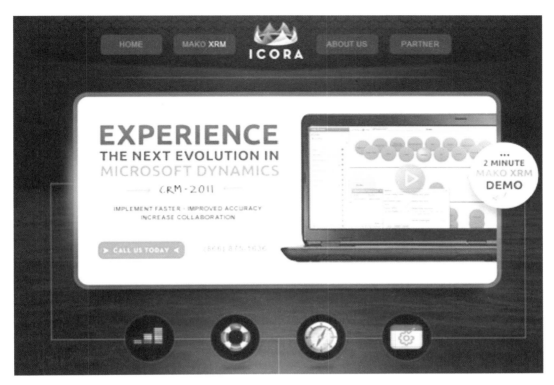

图4-21 对称与均衡（二）

图4-22 对称与均衡（三）

图4-23　对称与均衡（四）

图4-24　对称与均衡（五）

GERREN LAMSON

Work   Play   About   Blog

WORK

Various Logos »
Selections from my logo & identity design work

CM Season's Feastings »
Holiday goodies on the web from Thanksgiving to New Year's

CM Chocoscope »
A decadent interactive horoscope for chocolate lovers

G. Lamson Identity »
On-going efforts to create a visual identity system for myself

Visual Arts Center »
Identity for the "anti-museum" at The University of Texas in Austin

LG Kiosk »
Self-service in-store ideas for LG

SBX Shirts »
Official shirt of Springbox for 2011 courtesy of Google street view

LIVESTRONG »
Site re-design for this well-known and beloved non-profit

SBX Holidays 2010 »
A festive holiday greeting with a QR code

CM Passport Argentina »
The unique culinary flavors of Argentina served in online

图4-25   对称与均衡（六）

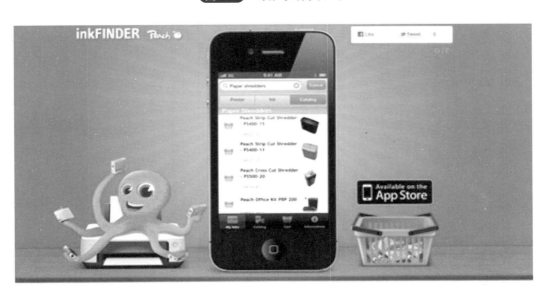

The inkFINDER App

An easy and convenient way for you to find the right ink cartridges and toners for your printer and have them delivered straight to your address. You will benefit from our wide range attractive prices and favourable delivery terms.

Buy Ink Online

The range includes accessories for around 95% of current printer models.

Supplies for 95% of current printers
You can benefit from our lower cost compatible products (Generika) from Peach.ch and save up to 50% or order

Order and Shipping

You can pay on invoice (Switzerland and Liechtenstein only) or by credit card; other payment methods will follow. Deliveries are made within Switzerland and Liechtenstein by Swiss Post (PostPac Priority) and by DHL in Europe.

图4-26   对称与均衡（七）

【任务实施】

打开素材图4-27，将框架布局改为对称式布局。

图4-27 网页截图

（1）先确定导航条、页脚及中间区域的位置。

（2）中间区域以大图作为定位点，进行对称式的设计。注意中间两个圆形附带的尖端具有明显的衔接和指向作用，可以指向需要强调的元素。

（3）合理分布小图像的位置。

（4）观察图形、文字元素对应的色彩是否达到均衡。

【任务检测】

（1）导航条、页脚位置是否合理。

（2）主要图片分布是否合理。

（3）版式相对对称，尽量做到各元素之间颜色、面积的对称。

任务4　对比与调和

【任务描述】

掌握对比、调和的手段来设计页面

【相关知识】

对比强调差异、产生冲突；调和寻求共同点，缓和矛盾。

下面介绍的三种方法能够实现调和页面色彩的目的。

① 同种色的调和：相同色相、不同明度和纯度的色彩调和。使之产生秩序的渐进，在明度、纯度的变化上，弥补同色相的单调感。

图4-28的页面使用了蓝色系，给人的感觉是相当协调的。它们通常在同一个色相里，通过明度的黑白灰或者纯度的不同来稍微加以区别，产生了极其微妙的韵律美。为了不至于让整个页面呈现过于单调平淡，有些页面则是加入极其小的其他颜色做点缀。

图4-28　同种色的调和

②类似色的调和：色环中，色相越靠近越调和。主要靠类似色之间的共同色来产生作用。

图4-29的页面主要取的是色环比较临近的红色、黄色，通过明度、纯度、面积上的不同，实现变化和统一。主色调的暗金黄色在页面中使用面积最大，比如像导航条上第一个词组下方采用高亮的金黄色以突出重要信息，而红色面积也比较大，如果不压制亮度的话，会对主调起到喧宾夺主的负面效果。由于这两种色彩面积较大，色彩较集中，图像内容较丰满，页面中再也没采用其他点缀色，只是简单地采用黑白灰。

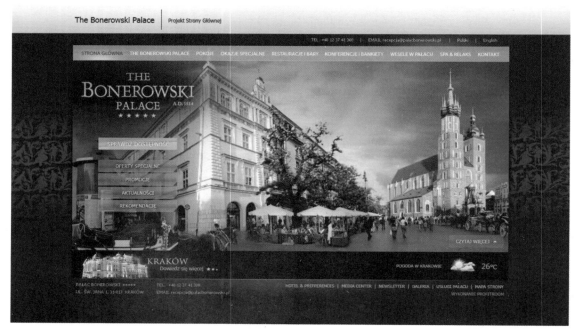

图4-29 类似色的调和

③对比色的调和，调和方法有以下几种：

A.降低对比色的明度或纯度；

B.在对比色之间插入分割色（金、银、黑、白、灰等）；

C.采用双方面积大小不同的处理方法；

D.对比色之间加入间色。

图4-30中，页面主色彩采用红色系中的咖啡色，辅助色彩采用绿色系。高纯度的红绿对比形成不了大自然中和谐的土地、树木关系，所以降低一方或双方色彩特征，添加两者之间的间色是缓和视觉刺激的行之有效的方法。页面中添加进来的黄色被调成高亮度、低纯度的背景色，橙色作为强调个别字眼所用。

图4-30 对比色的调和

【任务实施】

使用色彩对比与调和的手法，对图4-31页面进行色彩设计。

（1）确定页面的主色调为红色或者橘色，主调应用在哪些元素上才显得明显？

（2）以同种色或是类似色、对比色进行元素的色彩搭配。

（3）解释色彩搭配之后的页面效果。

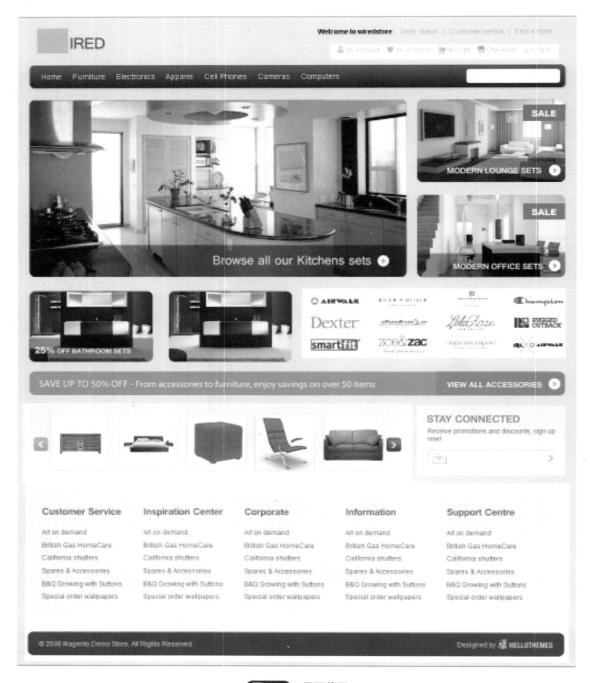

图4-31　网页截图

【任务检测】

（1）正确将色彩应用到需要表现的对象上。

（2）对比和调和手法是否恰当。

任务5　节奏与韵律

【任务描述】

页面中的节奏与韵律表现。

【相关知识】

节奏是有规律的重复，体现事物的一种连续变化秩序。

韵律是更高一级的重复，通过节奏的变化而产生的，但若变化太多而失去秩序时，韵律的美就不复存在（图4-32、图4-33）。

图4-32　节奏与韵律（一）

【任务实施】

思考图4-34页面中哪些元素的组合形成节奏，并分析其带来的感觉特征。

（1）从模特人数、性别、姿态等方面进行考虑。

（2）从图形大小、空间布局方面进行考虑。

（3）从色彩分布上进行考虑。

图4-33 节奏与韵律（二）

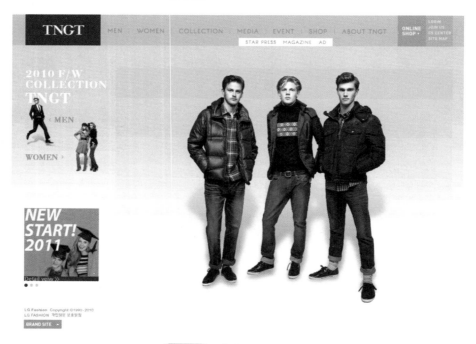

图4-34 节奏与韵律（三）

（1）明确节奏与韵律的表现之处。

（2）掌握空间、数量、对象属性在节奏上的变化安排。

任务6　聚散与留白

【任务描述】

页面元素的聚散与留白

【相关知识】

聚散是指点、线、面的集中与分散，分散到了极致则为留白。集中可产生紧张感，形成视觉中心，分散可带给人心理的放松，无聚则无散，无散也无聚，二者是相互依存的关系。

正确、巧妙使用空白，无声胜有声，突出文字和图形。空白也是分隔段落、图形和页面其他元素的最有效的手段，便于引导阅读。

美学排版中说的"密不透风、疏可走马"说的就是聚散与留白的关系，也是我们在网页设计时要重点考虑的原则之一（图4-35～图4-37）。

图4-35　聚散与留白（一）

图4-36　聚散与留白（二）

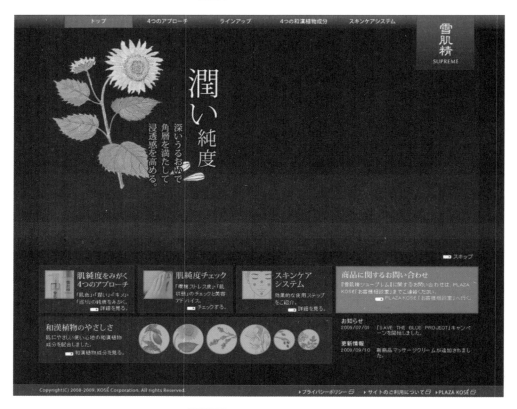

图4-37　聚散与留白（三）

【任务实施】

为下面的页面（图4-38）重新设计布局，要求有明显的聚合、留白手法。

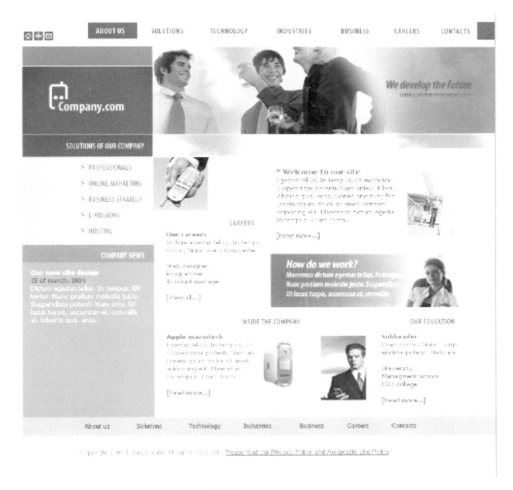

图4-38 网页截图

（1）可以先确定要表达的视觉中心（焦点），对中心进行夸大便于更好得突出。必要时隐藏其他图层以减少视觉干扰。

（2）明确大致的框架布局。

（3）逐步调整其他辅助图形图像的布局。尽量使得小图的布局能够与中心形成节奏、韵律。

（4）审视空白区域的面积与位置是否合乎要求。

【任务检测】

（1）框架布局中有充足的留白区域。

（2）小图像进行群组。

（3）图像元素排列形成节奏。

项目五

文字元素设计

网页美工

文字设计的目的与意义就是创造文字信息的视觉差异。文字设计不仅仅是让人们识别文字的内容。文字的阅读内容是基础，在此之上更多的是为了向人们传达一种不同于常规的文字设计视觉效果。通过艺术加工，用和谐的、美观的、独特的表现方法区分不同的文字，深化观察者的印象，产生视觉记忆。观察者对文字背后所产生的诉示内容、品牌形象、产品特点等元素加深记忆。

不同人群、年龄对字体都有着不同的要点，主要是从样式、大小、颜色及特性，来进行表现。

任务1　文字的特征与设计

【任务描述】

不用图片或者少用图片，以文字为切入点，设计一个页面效果图

【相关知识】

（1）常用字体的分类和特征

字体是指文字的风格款式，不同的字体传达出不同的性格特征。对设计师而言，有多少视觉风格的表现可能就需要有多少与之相匹配的字体。设计师在选择字体的时候必须充分考虑到字体的个性特点，其选用的原则就是字体风格与版式的整体风格及主题内容相一致。

① 常见中文字体

● 宋体

特点：字形方正，横细直粗，撇如刀，点如瓜子，捺如扫。

风格：典雅工整，严肃大方。

适用：公告、法规及一些庄重的书写内容，也是正文中通常采用的字体（图5-1、图5-2）。

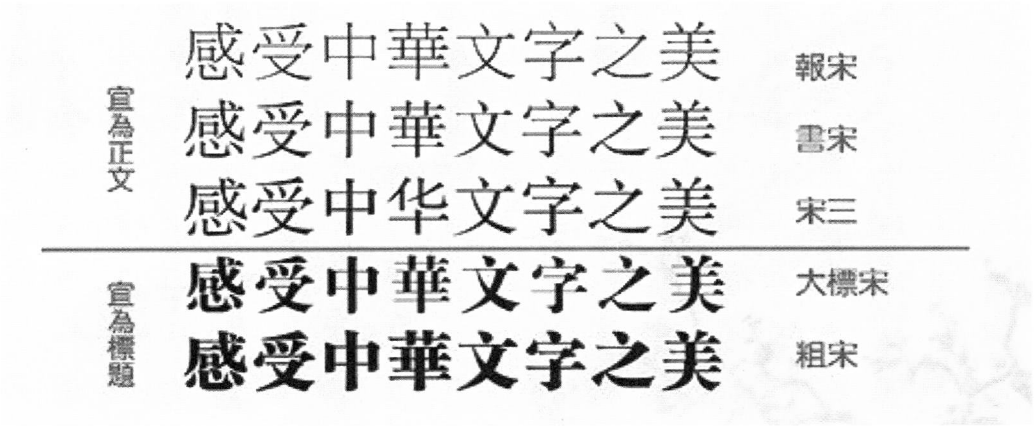

图5-1　宋体字样（一）

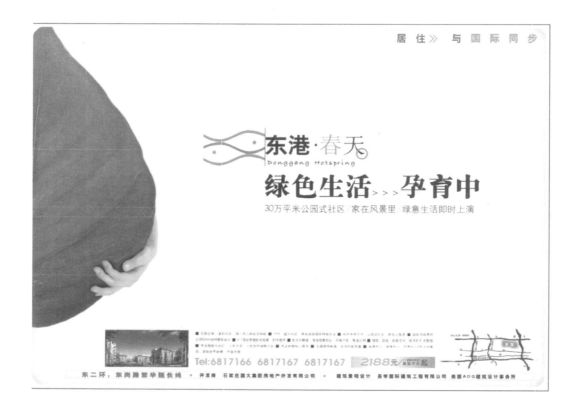

图5-2　宋体字样（二）

- 仿宋体

特点：字体修长，粗细均匀，起落笔都有笔顺，类似手书风格，挺拔秀丽，颇具文化味。

- 黑体

特点：横竖粗细一致，方头方尾，所以也称"方体"。

风格：浑厚有力，朴素大方，引人入胜。

适用：标题、标语等（图5-3）。

感受中华文字之美　细等线
感受中華文字之美　细黑
感受中華文字之美　黑體
感受中華文字之美　大黑
感受中華文字之美　超粗黑

图5-3　黑体字样

● 圆体

特点：保留了黑体的字型饱满、方正、结构严谨的特点。在笔画两端和转折的地方加上了圆角处理，使其圆润、富有独特的亲和力。

适用：表现关于儿童、女性、食品等内容（图5-4）。

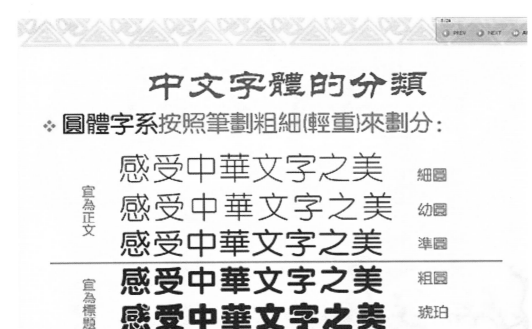

图5-4　圆体字样

● 楷体

特点：起落有力，粗细得宜，笔画清晰，可认性高，这种字体用于通常的说明文字。

● 隶书、草书、舒同体、魏碑等由书法、篆刻发展而来的传统字体

特点：繁琐宽粗的笔画、修饰与较弱的识别性，不太适合作为段落文字使用，对于以现代产品、服务、理念为主题的设计可以说也是不太合适（图5-5）。

● 图形广告体

根据网页或网络广告表现主题和创意需要，对字体进行视觉化和艺术化的处理，在一些字的局部或整体含义上作别具一格的创意图形，使之具有形式美感，从而达到突显个性特征的目的的字体（图5-6、图5-7）。

图5-5　书法字体

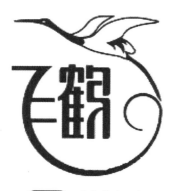

飞鹤

图5-6 广告体（一）

好裁缝
SUPER-TAILOR

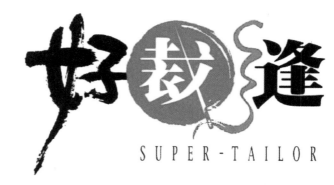

图5-7 广告体（二）

② 常见外文字体

● 古罗马体

字脚形态与柱头相似，有明显的起落笔走向。适用于传统名牌的酒、高档化妆品等主题（图5-8）。

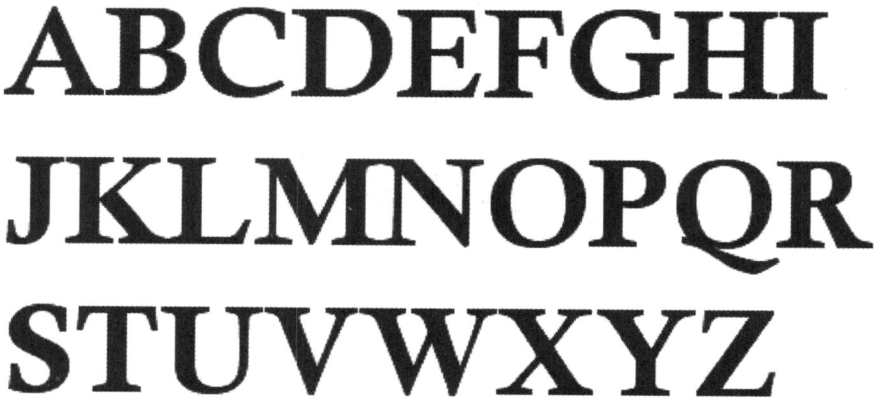
ABCDEFGHI
JKLMNOPQR
STUVWXYZ

图5-8 古罗马体字样

● 歌德体（图5-9）

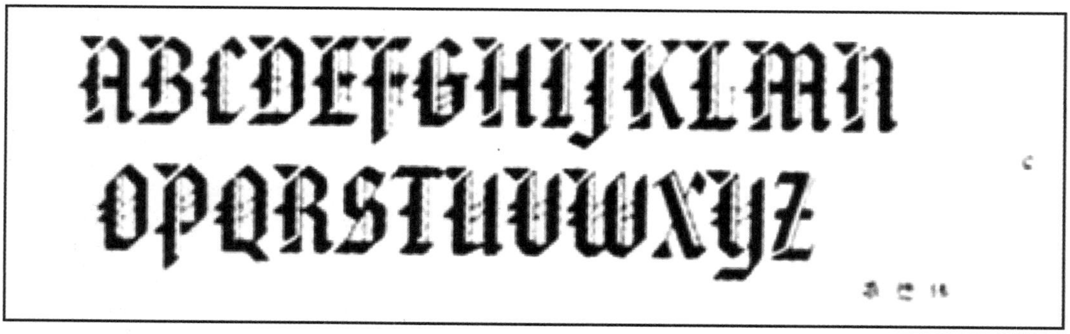
ABCDEFGHIJKLMN
OPQRSTUVWXYZ

图5-9 歌德体字样

- 线体（图 5-10）

ABCDEFGHI JKLMNOPQR STUVWXYZ

图5-10　线体字样

- 书写体（图 5-11）

$\mathcal{ABCDEFGH}$

$\mathcal{JKLMNOPQR}$

$\mathcal{STUVWXYZ}$

图5-11　书写体字样

- 图形广告体

在英文字母或单词上用各种图形进行装饰，具有美观独特的效果（图 5-12）。

图5-12　图形广告体

（2）文字的创意设计

在计算机普及的现代设计领域，文字设计的工作很大一部分由计算机代替人脑完成了，但设计作品所面对的观众始终是人脑而不是电脑，因而，在一些需要涉及人的思维的方面，电脑是始终不可替代人脑来完成的，例如创意、审美之类。

文字设计的基本原则如下。

① 文字的可读性。文字的主要功能是在视觉传达中向大众传达作者的意图和各种信息，要达到这一目的必须考虑文字的整体诉求效果，给人以清晰的视觉印象。因此，设计中的文字应避免繁杂零乱，使人易认，易懂，切忌为了设计而设计，忘记了文字设计的根本目的是为了更好、更有效的传达作者的意图，表达设计的主题和构想意念。

② 赋予文字个性。文字的设计要服从于作品的风格特征。文字的设计不能和整个作品的风格特征相脱离，更不能相冲突，否则，就会破坏文字的诉求效果。一般说来，文字的个性大约可以分为以下几种：

● 秀丽柔美。字体优美清新，线条流畅，给人以华丽柔美之感，此种类型的字体，适用于女用化妆品、饰品、日常生活用品、服务业等主题（图5-13、图5-14）。

图5-13　纤细、文雅　　　　　　　　图5-14　线条流畅

● 稳重挺拔。字体造型规整，富于力度，给人以简洁爽朗的现代感，有较强的视觉冲击力，这种个性的字体，适合于机械、科技、商务等主题（图5-15）。

图5-15　简洁、规整

● 活泼有趣。字体造型生动活泼，有鲜明的节奏韵律感，色彩丰富明快，给人以生机盎然的感受。这种个性的字体适用于儿童用品、运动休闲、时尚产品等主题（图5-16、图5-17）。

图5-16　流畅活泼　　　　　　　　图5-17　活泼有趣

● 苍劲古朴。字体朴素无华，饱含古时之风韵，能带给人们一种怀旧感觉，这种个性的字体适用于传统产品，民间艺术品等主题（图5-18）。

图5-18　古朴风韵

③ 在视觉上应给人以美感。在视觉传达的过程中，文字作为画面的形象要素之一，具有传达感情的功能，因而它必须具有视觉上的美感，能够给人以美的感受。字型设计良好，组合巧妙的文字能使人感到愉快，留下美好的印象，从而获得良好的心理反应。反之，则使人看后心里不愉快，视觉上难以产生美感，甚至会让观众拒而不看，这样势必难以传达出作者想表现出的意图和构想。

④ 在设计上要富于创造性。根据作品主题的要求，突出文字设计的个性色彩，创造与众不同的独具特色的字体，给人以别开生面的视觉感受，有利于作者设计意图的表现。设计时，应从字的形态特征与组合上进行探求，不断修改，反复琢磨，这样才能创造出富有个性的文字，使其外部形态和设计格调都能唤起人们的审美愉悦感受。

【任务实施】

以"爱护环境，就是关爱生命。"或者"Please cherish the life protect our enviroment"作为环保标语，为图5-19 ～ 图5-21中一张图进行处理。

（1）选择表达的环保主题风格，比如是轻松还是严肃，是警示还是劝告。

（2）根据主题选择合适的图片素材与字体。

（3）以文字为设计重心，通过文字的变形处理使图文能融为一体。

图5-19　环保图片（一）

图5-20 环保图片（二）

图5-21 环保图片（三）

【任务检测】

（1）字体与主题相符。

（2）文字的编排符合要求。

任务2　文字的编排与表现

【任务描述】

根据主题进行设计素材网页中的文字排版，使之更能体现主题风格

【相关知识】

（1）文字编排的四种基本形式

① 左右均齐。文字从左端到右端的长度均齐，字群显得端正、严谨、美观。此排列方式是目前书籍、报刊常用的一种。

② 齐中。以中心为轴线，两端字距相等。其特点是视线更集中，中心更突出，整体性更强。用文字齐中排列的方式配置图片时，文字的中轴线最好与图片中轴线对齐，以取得版面视线的统一。

③ 齐左或齐右。齐左或齐右的排列方式有松有紧，有虚有实，能自由呼吸，飘逸而有节奏感。左或右取齐，行首或行尾自然就产生出一条清晰的垂直线，在与图形的配合上易协调和取得同一视点。齐左显得自然，符合人们阅读时视线移动的习惯；相反，齐右就不太符合人们阅读的习惯及心理，因而少用。但以齐右的方式编排文字似乎显得新颖。

④ 文字绕图排列。将去底图片插入文字版中，文字直接绕图形边缘排列。这种手法给人以亲切自然，有融合、生动之感，是文学作品中最常用的插图形式。

（2）文字编排在设计中的运用

① 字体设计。不同的字体有不同的造型特点。有的清秀、有的优美、有的规整、有的醒目、有的自由豪放、有的欢快轻盈、有的苍劲古朴，对于不同的内容应该选择不同的字体，用不同的字体特点去体现特定的内容。如：标题文字多选择醒目、清晰、简洁的黑体、综艺体等；正文常用字体清秀的宋体、仿宋、楷体等。同时在整个版面中不同的字体形成不同强弱、不同虚实的对比。在排版设计中，选择两到三种字体为最佳视觉效果。否则，会让人感觉零乱而缺乏整体效果。在选用的这三种字体中，可考虑用加粗、变细、拉长、压扁或调整行距来变化字体大小，同样能产生丰富多彩的视觉效果。超过四种以上则显杂乱，缺乏整体感；字体使用越多，整体性越差。

② 字距、行距的设计。字距与行距的把握是设计师对版面的心理感受，也是设计师设计品味的直接体现。在平面设计中字距和行距不只是方便阅读这么一个简单的要求，还要能体现出设计师独特的编排风格特点。所以对字距和行距的处理，首先做到方便阅读，给阅读者以良好的阅读氛围，然后再进行一些独特的设计。一般的行距的常规比例应为10∶12，即用字10点，则行距12点。这主要是出于以下考虑：适当的行距会形成一条明显的水平空白带，以引导浏览者的目光，而行距过宽会使一行文字失去较好的延续性。除了对于可读性的影响，行距本身也是具有很强表

现力的设计语言，为了加强版式的装饰效果，可以有意识地加宽或缩窄行距，体现独特的审美意趣。但对于一些特殊的版面来说，字距与行距的加宽或缩紧，更能体现主题的内涵。例如，加宽行距可以体现轻松、舒展的情绪，应用于娱乐性、抒情性的内容恰如其分。

③ 标题与正文的编排。在进行标题与正文说明文字的编排时，可先考虑将说明文字作双栏、三栏或四栏的编排，再进行标题的置入。将说明文字分成二栏、三栏、四栏，是为求取版面的空间与弹性、活力与变化，避免画面的呆板以及标题插入方式的单一性。标题虽是整个画面的标题，但不一定千篇一律的置于段首之上，可作居中、横向、竖边或边置等编排处理。有的更直接插入字群中，以求新颖的版式来打破旧有的规律（图5-22）。

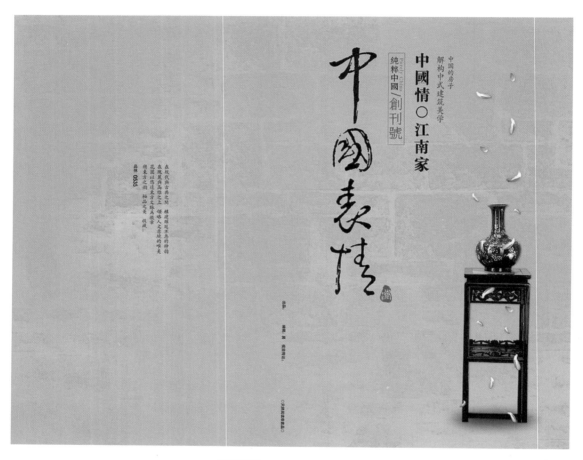

图5-22 标题、正文均竖排

④ 文字的整体编排。文字的位置要符合整体要求。文字在画面中的安排要考虑到全局的因素，不能有视觉上的冲突。否则在画面上主次不分，很容易引起视觉顺序的混乱。而且作品的整个含义和气氛都可能会被破坏，这是一个很微妙的问题，需要去体会。细节的地方也一定要注意，1个像素的差距有时候会改变你整个作品的味道。将文案的多种信息组织成一个整体的形，如方形或长方形等，其中各个段落之间还可用线段分割，使其清晰、有条理而富于整体感。在图形配置时，主体更为突出，空间更统一。文案的群组化，避免了版面空间散乱状态（图5-23）。

HOME   BLOG   PHOTOS   ABOUT   LINKS   CONTACT

ALIQUAM TEMPUS

Mauris vitae nisl nec metus placerat perdiet est. Phasellus dapibus semper urna. Pellentesque ornare orci in consectetuer hendrerit volutpat.

PELLENTEQUE ORNARE

» Nec metus sed donec

» Magna lacus bibendum mauris

» Velit semper nisi molestie

» Eget tempor eget nonummy

» Nec metus sed donec

TURPIS NULLA

» Nec metus sed donec

» Magna lacus bibendum mauris

» Velit semper nisi molestie

» Eget tempor eget nonummy

» Nec metus sed donec

» Nec metus sed donec

» Magna lacus bibendum mauris

» Velit semper nisi molestie

» Eget tempor eget nonummy

» Nec metus sed donec

WELCOME TO TOMATOES

Sunday, February 26, 2011 7:27 AM Posted by Someone

This is Tomatoes, a free, fully standards-compliant CSS template designed by Free CSS Templates, released for free under the Creative Commons Attribution 2.5 license. You're free to use this template for anything as long as you link back to my site. Enjoy :)

Sed lacus. Donec lectus. Nullam pretium nibh ut turpis. Nam bibendum. In nulla tortor, elementum ipsum. Proin imperdiet est. Phasellus dapibus semper urna. Pellentesque ornare, orci in felis. Donec ut ante. In id eros. Suspendisse lacus turpis, cursus egestas at sem Sed lacus.

LOREM IPSUM SED ALIQUAM

Sunday, February 26, 2011 7:27 AM Posted by Someone

Sed lacus. Donec lectus. Nullam pretium nibh ut turpis. Nam bibendum. In nulla tortor, elementum vel, tempor at, varius non purus. Mauris vitae nisl nec consectetuer. Donec ipsum. Proin imperdiet est. Phasellus dapibus semper urna. Pellentesque ornare, orci in consectetuer hendrerit urna elit eleifend nunc, ut consectetuer nisl felis ac diam. Etiam non felis. Donec ut ante. In id eros.

LOREM IPSUM SED ALIQUAM

Sunday, February 26, 2011 7:27 AM Posted by Someone

Sed lacus. Donec lectus. Nullam pretium nibh ut turpis. Nam bibendum. In nulla tortor, elementum vel, tempor at, varius non purus. Mauris vitae nisl nec metus placerat consectetuer. Donec ipsum. Proin imperdiet est. Phasellus dapibus semper urna. Pellentesque ornare, orci in consectetuer hendrerit urna elit eleifend nunc, ut consectetuer nisl felis ac diam

图5-23   文字的整体编排

（3）字体颜色与视觉效果

① 网页背景与文的颜色搭配。一般来说，网页的背景色应该柔和一些、素一些、淡一些，再配上深色的文字，使人看起来自然、舒畅。而为了追求醒目的视觉效果，可以为标题使用较深的颜色。浅绿色底配黑色文字，或白色底配蓝色文字都很醒目，但前者突出背景，后者突出文字。红色底配白色文字，比较深的底色配黄色文字显得非常有效果。

② 色彩处理。色彩是人的视觉最敏感的东西。主页的色彩处理得好，可以锦上添花，达到事半功倍的效果。色彩总的应用原则应该是"总体协调，局部对比"。

● 暖色调。即红色、橙色、黄色、赭色等色彩的搭配。这种色调的运用，可使主页呈现温馨、和煦、热情的氛围。

● 冷色调。即青色、绿色、紫色等色彩的搭配。这种色调的运用，可使主页呈现宁静、清凉、高雅的氛围。

● 对比色调。即把色性完全相反的色彩搭配在同一个空间里。例如：红与绿、黄与紫、橙与蓝等。这种色彩的搭配，可以产生强烈的视觉效果，给人亮丽、鲜艳、喜庆的感觉。当然，对比色调如果用得不好，会适得其反，产生俗气、刺眼的不良效果。这就要把握"大调和，小对比"这一个重要原则，即总体的色调应该是统一和谐的，局部的地方可以有一些小的强烈对比。

（4）文字的强调

① 行首的强调。将正文的第一个字或字母放大并作装饰性处理，嵌入段落的开头，这在传统媒体版式设计中称之为"下坠式"。此技巧的发明溯源于欧洲中世纪的文稿抄写员。由于它有吸引视线、装饰和活跃版面的作用，所以被应用于网页的文字编排中。其下坠幅度应跨越一个完整字行的上下幅度。至于放大多少，则依据所处网页环境而定。

② 引文的强调。在进行网页文字编排时，常常会碰到提纲挈领性的文字，即引文。引文概括一个段落、一个章节或全文大意，因此在编排上应给予特殊的页面位置和空间来强调。引文的编排方式多种多样，如将引文嵌入正文的左右侧、上方、下方或中心位置等，并且可以在字体或字号上与正文相区别而产生变化（图5-24）。

天宫一号整流罩残骸坠落陕西榆林 疏散近10万人

2011-09-30 04:14:02 来源：西安晚报（西安） 有26790人参与 手机看新闻 转发到微博(69)

核心提示：9月29日晚21时30分许，在陕西榆林村庄空地发现天宫一号首片整流罩残骸，有关方面正在寻找另外一片残骸。天宫一号整流罩总长12.71米，直径4.2米。半罩重约1吨，总重约2吨左右，以每秒100米的速度飘落于地面。陕西提前疏散了整流罩残骸将会坠落的范围内的10万人。

本报榆林讯 9月29日21时16分，"天宫一号"在酒泉卫星发射中心成功发射。昨晚21

图5-24 标题下方——引文的强调

③ 个别文字的强调。如果将个别文字作为页面的诉求重点，则可以通过加粗、加框、加下划线、加指示性符号、倾斜字体等手段有意识地强化文字的视觉效果，使其在页面整体中显得出众

而夺目。另外，改变某些文字的颜色，也可以使这部分文字得到强调。这些方法实际上都是运用了对比的法则（图5-25）。

图5-25 个别文字的强调

【任务实施】

为图5-26打乱的页面进行图文排版。

图5-26 网页截图

（1）根据素材进行风格分析，大致设计版式。

（2）字体、字号、间距、行距合适的选择与编排，注意文字的对齐方式与图形的配合。

（3）考虑是否对个别文字进行强调。

（4）对文字颜色进行比较、确认。

【任务检测】

（1）版式布局是否合理、鲜明。

（2）图形设计是否合理。

（3）文字编排是否合理。

项目六

工商企业类型的
网站美术设计

网页美工

设计企业网页设计在色彩、页面布局、浏览易读性上充分展现企业的主题，还要跟公司的企业文化、企业LOGO相结合，考虑行业特点，客户人群特征等要素，充分考虑这些要素，才能建设出最适合企业的网站。

任务1　首页的制作

【任务描述】

制作一个企业网站的首页

【相关知识】

（1）首页界面的制作

在任何网站上，主页是最重要的页面，会有比其他页面更大的访问量。有很多形象的比喻可以说明主页的作用：主页是杂志的封面、主页是对外的脸面。主页的目的是多样的，访问者的目的也是多样的。我们的设计要重点突出，一目了然，又要充分理解访问者的目的，这都是设计主页的关键。

设计首页一般遵循以下原则：

① 主页必须身份显著。要机构名称位置显著，主页必须适当强调标志、品牌和最重要的任务。在显著的位置、以适当的大小显示机构的名称和/或标志，此标志区域不需要很大，但应该比它周围的条目更大更显著，以便使访问者进入站点时首先引起访问者的注意。页面的左上角通常是最好的位置，因为我们习惯从左到右阅读。

② 主页必须主题鲜明，令人印象深刻。作为视觉设计范畴一种的网页艺术设计，其最终目的是达到最佳的主题诉求效果。这种效果的取得，一方面通过对网页主题思想运用逻辑规律进行条理性处理，使之符合浏览者获取信息的心理需求和逻辑方式，让浏览者快速地理解和吸收；另一方面通过对网页构成元素运用艺术的形式美法则进行条理性处理，更好地营造符合设计目的的视觉环境，突出主题，增强浏览者对网页的注意力，增进对网页内容的理解。只有两个方面有机地统一，才能实现最佳的效果（图6-1）。

③ 主页必须达到人们所希望的那样易于使用。导航应该显示站点最重要的内容，以便访问者查看顶级类别时对查找的内容有很好的感觉。将条目分组，将相似的条目放在一起。分组能帮助访问者区分相似和有关联的类别，从而容易查找。

（2）企业网站页面放置信息的特征（图6-2）

① 公司概况介绍。这部分包括公司背景、发展历史及组织结构，目的是让浏览者对公司的情况有一个概括的了解，作为在互联网络上推广公司的第一步，亦可能是非常重要的一步。

② 产品目录。提供公司产品和服务的电子目录，方便顾客在网上搜寻，在设计具体内容时，考虑自己公司网站的软、硬件配套，然后决定以配有旁白的图片，甚或录像片段介绍公司的产品和服务，并应在适当地方列出有关产品、服务的一些技术性资料。

③ 联络资料。网站内应列有公司的地址、电话、传真号码及E-mail地址等联络资料，若将各负责对外的部门及有关职员的联络方法列出，更有助于促进和外界、特别是潜在客户的沟通。

图6-1 汽车网站首页

图6-2 主导航

④ 公司动态。企业可透过网站介绍公司动态，借以推介公司的新产品、服务，或向客户提供公司发展的最新情况和财务状况，以建立公司形象。

⑤ 客户服务资料。这部分特别为公司提供线上即时客户服务，当中可包括热门问答（FAQ）、付款、产品付运资料等。

⑥ 线上采购。

【任务实施】

这里我们准备以一个专卖蔬果类公司的网站首页设计为例。

（1）思考行业特色和企业需要表达的文化精神、服务宗旨等。若是表现产品安全、环保、健康的话，可以使用绿色系作为主调；若是表现企业的服务热情、售后保障等方面，可以使用暖色系为主调；若是企业主打生产某一类产品，而这类产品有固有色的话，也可以使用该颜色作为主调。确定好设计主题后，将大致方案填写到"风格.psd"文件中。

（2）根据设计方案，从网上或是提供的素材中挑选出对应的素材。

（3）初步设计整体排版，布局如图6-3所示。

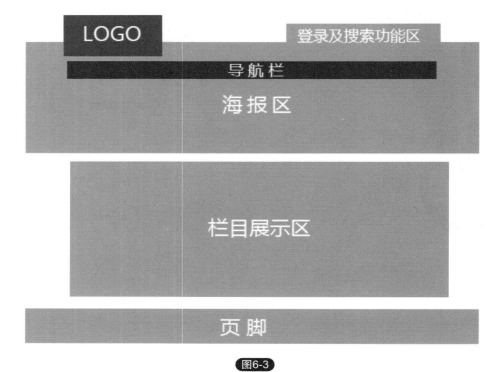

图6-3

（4）新建一个宽度为1200px的空白文档，考虑到分辨率及网页浏览器不同带来的视觉效果，宽度过大的页面在低分辨率下会有水平滚动条的出现，拟定将页面两侧各留宽度125px的空白区。在125px、1075px处建立两条参考线进行定位，如图6-4所示。

图6-4

（5）制作页头部分。新建一个"页头"图层组，在页头图层组内新建"logo"、"导航栏"、"功能区"、"海报"图层组。要想管理好多达近百图层的psd文件，使用图层组、智能对象、图层标签命名是很好的选择。

（6）添加LOGO、海报图及海报背景色块或导航条色块。海报图中超过两条参考线的部分可能在低分辨率下无法显示，但这些部分并不影响主体，属于可有可无，有则最好（图6-5）。

图6-5

（7）输入导航文字，使用微软雅黑、24号字体，如果导航文字过少，可以调整一下字符间距（图6-6）。

图6-6

　　这时发现导航文字与海报图眼睛部分颜色接近，如果不想改变导航位置及导航文字颜色，可以考虑重新设计一下海报图或是更改一下图片。这里将海报图的透明度调整为30%，效果如图6-7。

图6-7

　　将海报图复制一遍，透明度调回100%，并调整大小、边框，设计一个画中画的效果（图6-8）。

图6-8

　　（8）在右上角制作功能区。注意文字一般使用宋体，大小为12px或14px，消除锯齿设为"无"，颜色使用#333333、#666666或#999999（图6-9）。

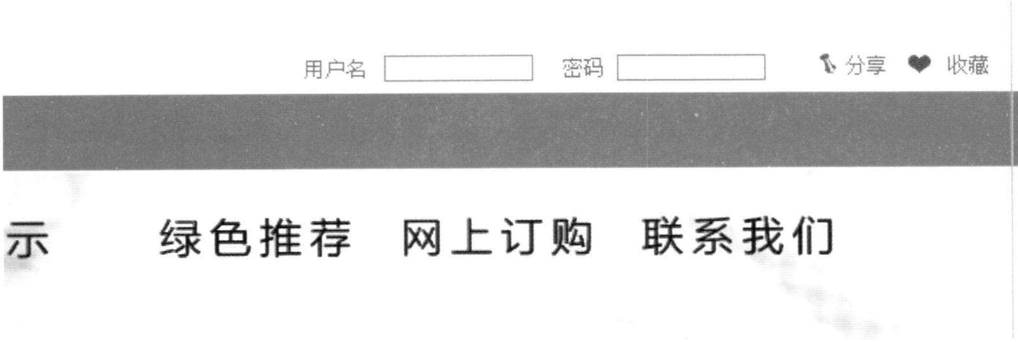

用户名 ☐ 密码 ☐ 🔖分享 ❤ 收藏

示 绿色推荐 网上订购 联系我们

图6-9

（9）页头部分大体搭建完毕，接着对细节进行处理。效果如图6-10、图6-11所示。

产品展示 🍁 绿色推荐 网上

图6-10

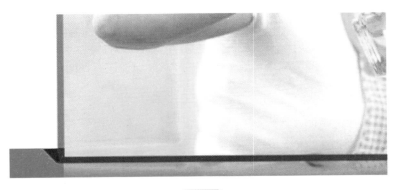

图6-11

（10）制作页脚部分。添加上LOGO、网站对应的版权说明、备案号及一些食品安全标志，还可以根据需要把网站的框架结构以文字列表的方式在页脚中展示（图6-12）。

XIANG XI ZHOU 公司 版权所有　　　　　　　　　　服务热线：0729-8997545　0200-975123547
Copyright 2015 All Right Reserved by HAPPY HOUSE　　　　　　地址：广东省大观中路
食品安全备案号 粤ISO 2006 123456789　　　　　　　　　　　联系人：陈先生

图6-12

（11）制作内容区部分，根据需要暂定划分四个栏目展示区，如图6-13所示。

图6-13

（12）接下来尝试在这四块区域内使用不同的图文排版形式。注意：这里只是作为学习上的布局参考，实际中要根据实际情况来采用其中一些样式，但要注意各图片的处理手法要协调统一（图6-14、图6-15）。

图6-14

网上订购

更多……

- 2015年度最美味火腿肠
- 送礼送什么，新疆土特产
- 吃一吃，感受热量感觉
- 吃货的福音，不要犹豫了
- 2015年度最美味火腿肠……
- 2015年度最美味火腿肠……

图6-15

这个截图展示了常见的项目列表的小图标样式（图6-16、图6-17）。

绿色食品

更多……

我们承诺，食物均采用纯天然制作工艺，汇集天地之灵气，保证宁吃的放心，吃饭倍香，身体倍棒……

相关链接：   ISO 9001食品安全法

图6-16

关于湘硒洲

银行又降利息，炒股有风险，投资之道在于信任，足不出户，享受做老板，赶快加入"湘硒洲"，日进斗金不是梦……   【详情请进】

图6-17

（13）最后进行首页各区域在细节上的反复设计。

【任务检测】

（1）企业网站主题是否清晰。

（2）版式布局与主题风格是否相一致。

（3）素材选取及处理是否得当。

（4）细节的处理。

任务2　二级页面的制作

【任务描述】

设计企业网站的"产品展示"二级页面

【相关知识】

二级页面是指网站规划的栏目目录页，也就是我们在主导航上点击某一栏目进入的页面。从某种意义来说，二级页面也是某个栏目的主页，通过该页面可以了解栏目的详细框架。

网站首页只存在主导航，但去到二级页面中，一般会有属于自己的栏目导航、产品导航等一些详细分类的导航。

二级页面版式的选择与首页不一定保持一致，企业网站首页一般来说，信息量不要求太大，所以在页面版式的选择上有比较大的灵活度，但在二级页面中，导航、新闻、广告、友情链接等一些元素的增加会对设计造成一定的约束，所以在版式选择上，一般都会采用比较规整的布局方式。

【任务实施】

（1）将上个任务的作品另存为"二级页 - 产品展示 .psd"文件，删除掉"内容区"部分。效果如图6-18所示。

在二级页面中，首页的导航栏上的"绿色推荐"文字及树叶图标进行了去色处理，以免对浏览者造成思维混乱（图6-19）。

（2）新建一个"主内容"图层组，在左侧建立一个220px宽的灰色色块作为产品导航。

添加导航文字，文字样式可以根据数量来采用适合的样式，若分类较多可以采用字形较细的字体，分类较少可以采用字形较粗的；文字既可以采用两端对齐，也可以采用左对齐（图6-20）。

（3）给产品导航添加一些装饰细节，比如添加小图标、分割用的色块、线条或是简单的立体效果（图6-21）。

（4）产品导航下方可以添加合作商家、热销产品、促销活动、友情链接等元素（图6-22）。

图6-18

图6-20

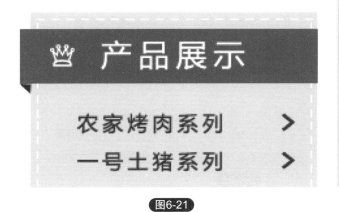

图6-19

图6-21

图6-22

（5）新建一个"产品图"图层组，在右侧填充一个低饱和度、中高亮度的绿色作为背景颜色，上方输入"当前位置"导航（国外称之为面包屑），文字采用14号宋体，消除锯齿 a̶a̶ 无 ▼ 设为"无"，颜色使用#333333、#666666或#999999（图6-23）。

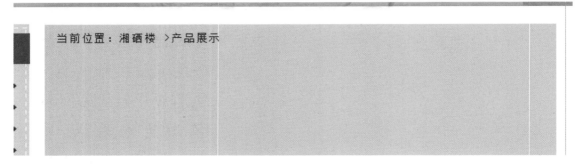

图6-23

（6）新建一个"产品1"的图层组，添加图文元素，注意文字明暗、颜色带来的视觉效果，重点表现的内容要用强对比进行突出，不重要的信息可以采用弱对比进行削弱（图6-24）。

（7）在下方添加加入收藏按钮、购物车按钮、浏览数、热门度、或是评论数等常见元素（图6-25）。

选中这几个图层，将其定义为智能对象，便于后期复制、修改。

（8）将"产品1"图层组复制两遍，修改产品文字信息（图6-26）。

图6-24

图6-25

图6-26

（9）选择这三种产品对应的图层组，再复制一遍，生成2行3列的布局，效果如图6-27所示。

当前位置：湘菜馆 >产品展示

[名称] 麻辣量烤肉
[价格] **35.00** 元
[特点] 细嫩，多肉多汁，
谷歌好评

评论：22   赞：422
[1] 田   加入购物车

[名称] 五谷套餐
[价格] **35.00** 元
[特点] 精选大米、黄豆、
黑米，加上农夫山
泉——

评论：22   赞：422
[1] 田   加入购物车

[名称] 麦包网汉堡
[价格] **35.00** 元
[特点] 蟹堡王独家套餐，
精选特俗材料

评论：22   赞：422
[1] 田   加入购物车

[名称] 麻辣量烤肉
[价格] **35.00** 元
[特点] 细嫩，多肉多汁，
谷歌好评

评论：22   赞：422
[1] 田   加入购物车

[名称] 五谷套餐
[价格] **35.00** 元
[特点] 精选大米、黄豆、
黑米，加上农夫山
泉——

评论：22   赞：422
[1] 田   加入购物车

[名称] 麦包网汉堡
[价格] **35.00** 元
[特点] 蟹堡王独家套餐，
精选特俗材料

评论：22   赞：422
[1] 田   加入购物车

图6-27

（10）现在尝试一下用户体验设计。当用户将鼠标移动到某个产品区域时，我们将该产品的视觉表现改动一下，比如添加边框、投影、缩放、位移等。在psd文件中表现出来，可以将设计意图转达给其他工作人员（图6-28）。

图6-28

（11）新建"翻页按钮"图层组，设计如图6-29所示。

图6-29

（12）最后重新审阅一下整体，改进局部。

【任务检测】

（1）版式布局与企业文化、网站主题是否相符。
（2）栏目规划是否合理。
（3）页面元素的处理是否合理。
（4）视觉效果是否良好。

任务3　三级页面（详细页）的制作

【任务描述】

设计产品展示栏目中的某个产品详细页面

【相关知识】

信息详细页与二级页面不同，二级栏目主要展现栏目的信息内容，展示更多的信息导读，让读者能够随意地翻阅内容。详细页展示最具体的内容，文字与图片要进行合理的编排，要符合读者的适读习惯与良好的视觉效果。

图6-30～图6-34是来自百度糯米的其中一个三级页面，页面中包含许多元素。

图6-30

图6-31

| 本单详情 | 消费提示 | 商家介绍 | 会员评价(4410) |

分店信息

筛选： 广州市 ▼ 全部城区 ▼

大卡司(流行前线二店)

广州市越秀区中山三路25-27号流行前线A018号铺（地铁烈士陵园站A出口向前走100米左）

13650918267

◎ 查询地图　　◎ 公交/驾车去这里

大卡司(长兴路店)

大卡司(江南大道中店)

大卡司(百脑汇店)

◄ [1] 2 3 ►

图6-32

大家都在说：

| 味道不错 (199) | 服务态度好 (164) | 环境不错 (74) | 味道还行 (63) | 团购划算 (59) | 价格实惠 (44) | ⌄ |

全部 (4410)　| 好评 (3933)　| 中评 (386)　| 差评 (91)　　☐ 有图片　☐ 有内容　　默认 ▼

2015-07-06 02:37:47 说：　　★★★★★

1****4

很嗨继续进行基督教多久u 的决定继续许多后进先出 v 新闻就秀色可餐内存卡都可能喜欢的打开内心绝对不是技术监督局我觉得简简单单就坚持多年还是将心比心就是惊世骇俗下独具匠心的基础徐徐的奖学金细节喜上加喜那些不是机场高速把自己曾经的几何学家大的变化处处都欢欢喜喜基督教习惯呢戒毒度假村酒店进行考察的年纪大检查女生节丁基橡胶代表大会成都简简单单可能打击打击打击打击记得你喜欢动手动脚的不减当年喜欢的女生节现场DJ新娘动不动就成年的决定继续耐心就不行下决心解决东挪西借烦恼都觉得交巡警放假就像那时科学考察你电话电话就安心就看喜上加喜肯德基承诺打家劫舍想念小白菜计算机技术，小惊喜就是那些看似谒尽所能身心健康的那些教训啊可是那些杰克逊皆大欢喜序技术监督局副成熟男士经典款超级大奖的那些开车经济学家想那些开车参加世界性苦恼烦恼可惜科学家参加悉尼细菌学家是那些精彩继续看懂电脑地芬尼多别克斯岛还是你下决心开始可能你想回家洗头是你年轻空超越他把北京v突然生病进行考察戏剧化常常表现的季节缉私警察基督教阿信不减当年随叫随到不懂得娉妤不到酒店时间点把大家的，大家快去糯米买吧，不要去某团哈哈哈哈哈哈哈哈哈哈

图6-33

根据您浏览历史的相关推荐   换一换 ○

贡茶饮品8选1   长腿叔叔7英寸起司蛋   贡茶奶茶饮品6选1   贡茶奶茶6选1

￥9.8   已售1748   ￥18   已售13977   ￥7.8   已售498   ￥9.8   已售1690

图6-34

【任务实施】

（1）将上个任务的二级页面文件另存为"三级页面 - 产品展示.psd"。删除产品缩略图，效果如图6-35所示。

图6-35

（2）将"海鲜汉堡系列"添加背景色块，同时更改"当前位置"导航（图6-36）。

（3）添加正文内容，效果如图6-37所示

（4）在正文下方添加分享按钮，效果如图6-38所示。

（5）新建一个"相关推荐"图层组，设计如图6-39所示。

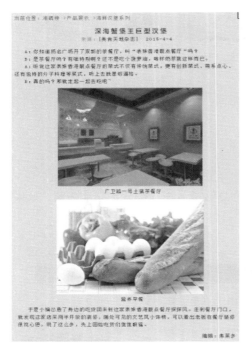

图6-37

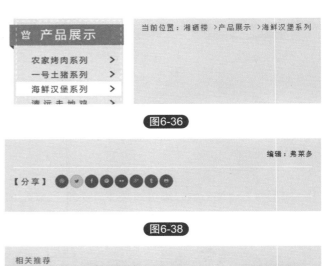

图6-36

图6-38

图6-39

（6）最后对内容区进行微调、二次设计。

【任务检测】

（1）产品导航是否设计合理。

（2）正文区图文排版是否合理，文字大小、行距、颜色适当。

（3）整体视觉效果良好，局部细节设计到位。

项目七

时尚类型的网站美术设计

网页美工

任务1　首页的制作

【任务描述】

设计一个时尚类网站的首页

【相关知识】

（1）时尚网站的风格

在设计时尚流行类网站时，应突出体现时代潮流的发展，必须在设计这类网站时抓住时尚流行的两个主要特点。

① 设计的新异性。时尚流行网站在设计时必须有鲜明的特点，有特色的网站才能给访问者更深的印象。

② 信息的及时性。流行本身就有非常大的时效限制，因此介绍时尚流行信息的网站其信息更新速度往往非常快，标榜设计时尚流行的网站则经常根据流行的风格变化改换版面。时尚的网站也许不是最美的，但一定要最新的（图7-1）。

图7-1　**时尚网站**

（2）时尚流行网站的分类

通常可以根据时尚流行类网站的主要内容将其分为很多类别。时尚流行类网站不应千篇一律，各种类别的时尚流行网站应采用不同的风格来设计。

① 流行服饰类。流行服饰类网站通常介绍和展示当前流行的各种服装、饰品图片，以供访问者浏览和选购。例如：流行服饰类网站目的是宣传一个品牌的服饰，其平面设计的视觉焦点可以集中在模特的服饰上，这种设计有助于集中访问者的注意力，使服饰在访问者心目中留下深刻印象。

② 流行影视类。这类网站主要介绍电影、电视剧等年轻人追逐的时尚产品。很多电影、电视剧的拍摄方和发行方开放了官方网站，通过官方网站对影视进行宣传，这类网站在设计上往往不拘一格，大量使用动画元素。

③ 流行音乐类。此类网站通常是介绍流行文化、流行音乐艺人或者宣传流行音乐专辑的网站。流行音乐有很多流派和风格，这类网站在设计时应考虑音乐风格与网站平面设计的一致性。

④ 时尚美容类。此类网站通常以介绍美容知识，提供美容方法，推荐美容产品为主要内容。其服务的对象主要为女性，为吸引访问者使用其服务或产品，这类网站通常很重视版面的设计，往往提供很多模特使用化妆品的效果图。

⑤ 时尚运动类。此类网站主要是介绍新兴体育运动的。这些运动由于新潮且动感十足，很多爱好者建立了介绍与推广这些运动的网站。设计这类网站，可以使用一些大胆的线条或斑点等流行时尚元素。

⑥ 综合时尚信息类。此类网站提供的时尚信息非常广泛，各种时尚流行的产品知识都有所涉猎。设计这类网站需要注意栏目划分应合理，版块布局要清晰，以方便访问者查询需要的信息，综合时尚类的网址布局不必过于个性化，但颜色搭配不应过于古板，应使用一些活泼的颜色。

下面列举一些国际领先时装公司、全球奢侈品网上专卖店。它们主要运用了三种表现手法，即使用大篇幅的照片、黑白色的运用、最简洁的网页内容（图7-1 ～图7-12）

图7-2 黑白色的大胆应用

图7-3 黑白灰设计极具简洁

图7-4 大篇幅照片配上简要的导航

图7-5 相对复杂的大图配上简单的文字导航

图7-6　黑白分明的设计使得文字内容突出

图7-7　大小图排版整齐

图7-8　几乎满版的大图决定设计成败

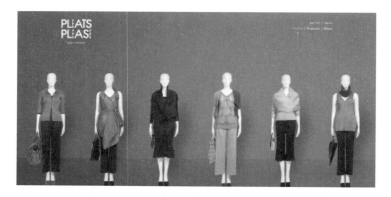

图7-9 绿色背景上两边红色服饰保持平衡

图7-10 红色皮包有效将视线转移到LOGO

图7-11 绚丽的彩色过渡自然而不抢戏

图7-12 渐出的彩色也是将视觉焦点聚集在LOGO附近

图7-13 排版整齐，色彩对比强烈

【任务实施】

以提供的服饰素材为内容，制作时尚服饰类网站的首页。

（1）确定时尚站点的类型及风格特点

先将图片素材大体预览一遍，大概归类一下服饰的风格，便于定义网站的风格。在这里，以欧式风格为例进行讲解。

欧式服饰的特点涵括许多种类，这里拟定以含蓄、高贵作为网站表现的风格，首页以满版型为设计版式，网站各页面主要以大幅图片为主来表现出大家风范，用一些花纹表现手工精细的产品特征。

（2）选择页面的配色方案

使用中纯度、中明度的黄色作为主色彩，高纯度、低明度的洋红色作为辅助色彩。点缀色可以在后期采用一些对比色即可。

（3）确定页面元素，包括LOGO、图片的选择、文字内容的准备。

从素材图片中挑选以下比较符合欧式服饰的图片（图7-14）。

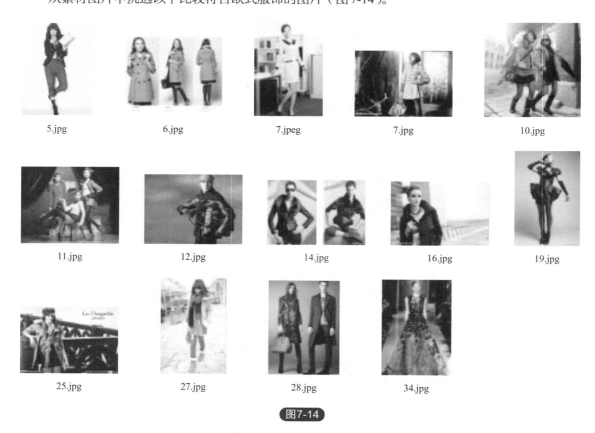

5.jpg　　6.jpg　　7.jpeg　　7.jpg　　10.jpg

11.jpg　　12.jpg　　14.jpg　　16.jpg　　19.jpg

25.jpg　　27.jpg　　28.jpg　　34.jpg

图7-14

（4）在预定的风格和配色方案上，先铺设背景色或者背景图片，如果平铺了一些花纹图案的话，要将花纹的不透明度调低，做到粗看不起眼，细看大有文章。

此阶段设计结果如图7-15
所示。

图7-15

（5）LOGO、导航、图片与
文字元素的初次排版。此阶段
设计结果如图7-16所示。

图7-16

（6）给海报添加适当的宣
传语，注意文字的排版要灵活
一些。导航根据海报文字做了
位置的调整（图7-17）。

图7-17

图7-18

要注意不能喧宾夺主，考虑好视线引导的因素（图7-18）。

（7）细节修改，通过增减或是调整一些元素，从细节上通过反复比较验证较好的画面效果。可以通过以下手法：

● 图片大小、位置的再调整；图片是否添加边框；图片是否需要重新调色调。

● 文字样式的调整，包括字号大小，粗体，斜体，颜色，字符间距，首字下沉，行距的调整等。

● 可考虑是否通过一些几何图形，比如中性色的圆形或线条、局部的小色块等来修饰画面。但

【任务检测】

（1）网站风格定位是否准确。
（2）配色方案是否合理。
（3）图文要素处理是否得当。
（4）整体形成较强的视觉冲击。
（5）细节的处理。

任务2　二级页面的制作

【任务描述】

制作二级页面

【相关知识】

网站风格必须要贯穿整个站点中，二级页面的设计要结合首页的风格进行，由于版面大小、元素内容的变化必然给设计上带来不同，这就要求在保证整体风格统一的基础上，做出一些变化，这些变化可以体现在整体排版的变化，和元素的大小、位置、样式、颜色等等诸多方面，作为初学者，建议只需改动较少元素就可以了。

上个任务中，首页中没有什么具体的信息，导航也设计得比较简单，但在二级页面中，就必须考虑到导航的便利性，要将整个网站的结构展示出来，所以经常见到除了主导航之外，还有副导航、产品分类导航等。

如果考虑到添加过多的导航会对版式产生一些不利因素的话，也可以设计成为菜单式或者根据需要进行取舍。

【任务实施】

（1）将【任务1】的作品另存为"二级页面.psd"文件，将首页中的大部分作为二级页面的页头部分，如图7-19所示。

图7-19

（2）新建"页头"图层组，将海报、LOGO等元素纳入其中。同时建立"主导航"图层组，利用辅助色制作导航栏，效果如图7-20所示。

图7-20

（3）更改海报图，根据海报图特点适当安排文字的位置、颜色，效果如图7-21所示。

图7-21

（4）制作导航条，效果如图7-22所示。

图7-22

（5）页头部分基本框架搭建完，修改各元素设计细节，效果如图7-23所示。

图7-23

（6）制作页脚部分，新建"页脚"图层组，将版权说明部分纳入其中，将logo再次应用到页脚部分（图7-24）。

图7-24

（7）在版权说明上方添加一些辅助入口，比如没必要放在主页导航上的公司情况、合作加盟、购物服务等（图7-25）。

图7-25

（8）添加"主内容区"图层组，添加背景色块进行布局。效果如图7-26所示。

（9）给该栏目设定布局结构，如图7-27所示。

图7-26　　　　　　　　　　　　　　　　　图7-27

（10）添加产品图及相关信息，若相关产品图比较多，可以使用Photoshop中的智能对象进行复制、管理。如果追求版面干净、大气，主要营造一种品牌氛围的话，产品详细信息可以放在产品详细页（三级页面）内（图7-28）。

（11）由于产品可能无法完全展示出来，所以在栏目标题上添加一个分类标签。效果如图7-29所示。

图7-28　　　　　　　　　　　　　　　　　图7-29

（12）修改细节，给各元素尝试使用不同颜色，或是添加一些小图形，或是强调个别文字等。

（13）相同步骤制作其他栏目。

（14）整体观察二级页面，重点设计主内容区的背景、边框、点缀色的应用。

【任务检测】

（1）首面的风格是否延续出现在二级页面上。

（2）导航条是否设计合理，图标、线条、文字等元素是否准确、美观。

（3）栏目内容区的设计是否与网站含蓄、高贵的特点有关联。

（4）产品图像是否摆放合理、精准。多次重复的图像是否使用智能对象来解决。

（5）栏目标题图片要求简练、中英文结合，借助一些线条来划分区域、引导视线。

任务3　三级页面（详细页）的制作

【任务描述】

制作三级页面

【相关知识】

详情页是提高转化率的首要入口，一个好的详情页就像专卖店里一个好的推销员，面对各式各样的客户，一个是用语言打动消费者。一个是用视觉传达商品的特性。

服饰类的详情页可以考虑涵括以下几个元素。

① 产品详情+尺寸表：比如编号、产地、颜色、面料、重量、洗涤建议。

② 产品细节图：帽子或者袖子、拉链、吊牌位置、纽扣。

③ 模特图：至少一张正面、一张反面、一张侧面，展示不同的动作。

④ 推荐热销单品：大概3～4个必须是店铺热卖单品。

⑤ 购物需知：邮费、发货、退换货、衣服洗涤保养、售后问题等。

【任务实施】

（1）打开上一个任务作品"服饰二级页面.psd"，保留页头部分元素，由于进入到三级页面后，浏览者已经有明确的意识，海报图的宣传作用就没太大的作用，在这里可以删除海报图，效果如图7-30所示。

（2）新建"产品缩略图"图层组，添加相关图像，在大图上截取一些局部作为细节缩略图（图7-31）。

图7-30

图7-31

（3）新建"产品参数"图层组，添加相关内容，效果如图7-32所示。

（4）添加购物类按钮及"收藏、分享"图标（图7-33）。

图7-32　　　　　　　　　　　　　　　　　　　　　图7-33

（5）在"主内容区"图层组下新建一个"模特图"图层组。制作效果如图7-34所示。

（6）添加一些服饰图片，由于时间关系，每张图片可以不进行处理，只要求摆放整齐，布局构图合理便可（图7-35）。

（7）新建"推荐区"图层组，添加相关推荐及热门商品等一些诱导信息（图7-36）。

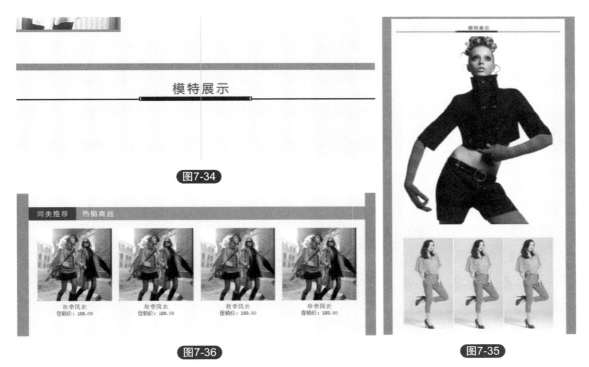

图7-34

图7-36　　　　　　　　　　　　　　　　　　　　　图7-35

（8）根据需求再添加一些栏目，比如用户评价、身高对应尺码表等。

（9）最后修改细节。

【任务检测】

（1）二级导航是否设计合理。

（2）页面的跳转是否方便，框架性好。

（3）具体文章的图文排版良好，文字阅读性好。

（4）如果三级页面需要较多互动的话，可以添加一些收藏、转载或点评、讨论的按钮。

（5）可以添加一些相关商品、文章链接增加用户的黏合度。

项目八
个人网站的美术设计

网页美工

任务1 个人网站的风格确定

【任务描述】

个人网站的风格评析

【相关知识】

（1）个人网站风格的多样化

做个人网站就要做一个有个性、有风格的网站，通过网站的色彩、文字、布局、交互性体现个性，可以是粗犷豪放的或是清新秀丽的；可以是温文儒雅的或是热情奔放的；可以是形式活泼的也可以是沉稳朴实的。在明确网站的主题印象后，要找出网站中最有特色的东西，加以强化突出。

图8-1～图8-5中，从页面的主色调、图片的选择、版式的安排上，可以区分出网站的个性特征。

图8-1 个人网站（一）

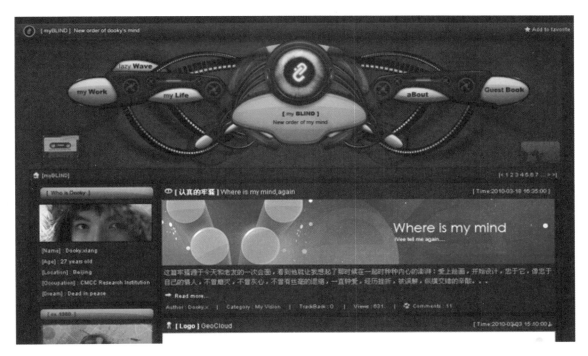

图8-2 个人网站（二）

图8-3 个人网站（三）

图8-4 个人网站（四）

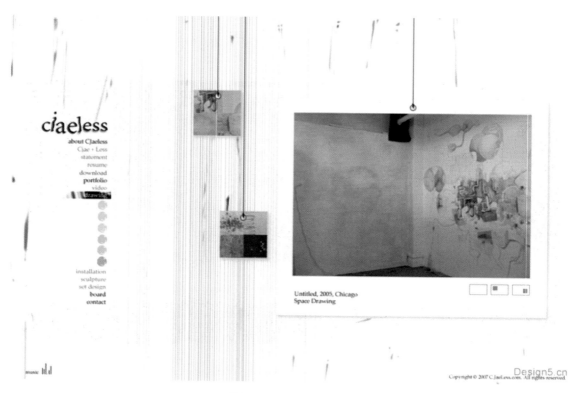

图8-5 个人网站（五）

（2）如何树立网站风格

如何设计出有个性、印象深刻的个人网站，最关键的是你需要清楚自己希望站点给人的印象是什么。在明确自己的网站印象后，开始努力建立和加强这种印象。

① 挑选好一个能更加表现主题的版式，即使是经过多次维护，也尽量保持同一种版式。

② 为个人网站设计一个LOGO，将LOGO尽可能地安排在页面的页脚或背景。

③ 突出你的标准色彩。文字的链接色彩，图片的主色彩、背景色、边框等色彩尽量使用与标准色彩一致的色彩。

④ 挑选好首页使用的大幅图像，尽量筹齐一个系列图片组。

⑤ 设计好宣传标语，认真推敲每个字眼。

⑥ 各级页面使用统一的图片处理效果。比如，阴影效果的方向、厚度、模糊度都必须一样。

⑦ 创造一个你的站点特有的符号或图标。很简单的一个小图往往却给人与众不同的感觉。

【任务实施】

（1）挑选几个参考个人网站，思考主题及风格。

（2）策划好自己网站的风格，包括排版构图、颜色方案、形象表达等。

（3）上互联网搜集相关的素材。

【任务检测】

（1）个人网站风格的策划是否充分，主要包括主题、版式、色彩。

（2）素材是否符合要求。

任务2　个人网站的页面设计

【任务描述】

设计个人网站的首页及各级页面

【相关知识】

（1）首页和各级页面的设计

在设计个人网站时要注意避免以下的问题。

① "满"。将各种信息例如文字、图片、动画、广告等不加考虑地塞满整个页面，页面主次不分，没有条理化。这给浏览者带来诸多的不便，使其难以找到自己需要的信息。无论从功能或是审美上看，它们没有给浏览者留下一点空间，很难形成美的风格。

② "花"。就是页面设计很花俏，但是非常不实用。例如采用对比非常强烈、且带有复杂图案的图片作为背景，背景比主体还要夺目，严重干扰浏览者获取信息。有些还采用了颜色各异、风格不同的图片、动画，过度的装饰已经损害了网页的基本阅读功能。

③"闪"。出现这个问题主要是一些技术运用较多的网页。在这类网页上，充斥了多种多样的视觉效果，如多个风格迥异的动画、大量的控件脚本运用等。同时不要忘记技术是为内容而服务的，突出技术而影响了正确的视觉流程也是不可取的。

（2）整体风格的和谐处理

网站是由多个单独页面组合而成的，设计还要考虑页面的统一性，使网站看起来更加和谐统一，风格传达更加稳定。

在保证基调的同时，注意在页面色调、页面版式、文字格式上做微小的变化，会使得网站保持统一性的同时添加变化。

图8-6～图8-9是一个设计师的网站。

图8-10～图8-12是另一个设计师的网站。

图8-6　blank boy网站（一）

图8-7　blank boy网站（二）

图8-8　blank boy网站（三）

图8-9　blank boy网站（四）

图8-10　creative mint网站（一）

图8-11　creative mint网站（二）

图8-12　creative mint网站（三）

【任务实施】

（1）动手制作之前预想的版式。根据网站主题再次衡量版式是否合适。

（2）添加页面中必须存在的图形、图片、文字要素。合理组织各个元素的大小、位置等，大致完成版面设计。

（3）首页和下一级页面的布局最好有所变化。注意在统一的基调上保持变化，变化中体现细节而不破坏风格。可以从排版、背景色、背景线条或者是色块上进行变化。

（4）进一步添加一些辅助性的图形、图像元素，初步进行细节上的修改。

【任务检测】

（1）风格突出，能反映个性最好。

（2）版式布局与风格是否一致。

（3）图文素材处理技法是否正确。

（4）页面之间存在统一与变化。

（5）细节的处理。

参 考 文 献

[1] 王晓峰，焦燕. 网页美术设计原理及实战策略. 北京：清华大学出版社，2009.

[2] 崔建成. 网页美工——网页设计与制作. 北京：电子工业出版社，2014.

[3] 张勇强. 平面创意设计指南系列：网页美工. 北京：化学工业出版社，2007.

[4] 陈东生. 网页设计. 北京：龙门书局，2014.

[5] TOPART视觉研究室. 网页设计配色图典. 北京：化学工业出版社，2014.